影视摄影技术

孟祥斌 丁智擘 编著

WUHAN UNIVERSITY PRESS
武汉大学出版社

图书在版编目(CIP)数据

影视摄影技术/孟祥斌,丁智擘编著．—武汉:武汉大学出版社,2017.10
ISBN 978-7-307-16623-3

Ⅰ.影…　Ⅱ.①孟…　②丁…　Ⅲ.①电影摄影技术　②电视摄影—摄影技术　Ⅳ.TB8

中国版本图书馆 CIP 数据核字(2017)第259510号

责任编辑:张　欣　　　责任校对:汪欣怡　　　版式设计:汪冰滢

出版发行:**武汉大学出版社**　(430072　武昌　珞珈山)
(电子邮件:cbs22@whu.edu.cn 网址:www.wdp.com.cn)
印刷:武汉市宏达盛印务有限公司
开本:787×1092　1/16　印张:12.25　字数:290千字　插页:2
版次:2017年10月第1版　　2017年10月第1次印刷
ISBN 978-7-307-16623-3　　定价:39.00元

孟祥斌，男，国家一级摄影师，中国摄影家协会会员、湖北省摄影家协会会员，《中国摄影报》、《人民摄影报》摄影评论专家，现任武汉学院影视技术科目组组长。长期从事高校摄影专业建设与管理工作，连续五年担任湖北省艺术（非美术类）本科联考摄影、影视摄影与制作专业主考官。近年来获得教学表彰五项，在国家核心及省级以上期刊发表论文数十篇，出版专著两种，完成省级科研项目三项，有数十部专题片、广告片在各省级电视台播出，14张照片入选联合国世界地质公园画册，在《中国摄影报》、《人民摄影报》发表整版作品数十版，获得省级及以上摄影奖项几十项。

丁智擘，女，副教授，韩国东西大学影像内容系博士，现任武汉传媒学院口语传播系主任。主要从事影像语言的教学与研究，曾在韩国情报通信学会、日本ICCT（International Conference on Culture Technology）等国际学术会议上发表论文。在国家核心及省级期刊上发表学术论文30余篇，主持国家及省级项目6项，参与国家和省部级项目8项。

WUHAN UNIVERSITY PRESS
武汉大学出版社

前 言

二十一世纪，是一个属于数字化的时代，数字技术已渗透我们生活的方方面面。影视技术更是如此，从前期拍摄到后期制作和发行放映，数字技术的身影无处不在。数字电影技术是新兴信息科学技术与传统电影技术的结合。影视媒体已经成为当前最为大众化、最具影响力的媒体形式之一。从好莱坞大片所创造的幻想世界，到电视新闻所关注的生活实事，再到铺天盖地的电视广告，无一不深刻地影响着我们的生活。中国是一个影视大国，每年就有上万部影视剧被搬上银幕和荧屏。中国还有十几亿的观众，这是任何国家所无法比拟的。数字影视新技术特别是 VR 技术的出现，必然将在数字制作领域引发新的技术革命。当下诸多电视台、影视公司、大型网站都在向数字影视产业靠拢，大量招募专业影视人才，培养传媒业国际化、创新型、跨界复合型人才，构建业界与高校的教学、研发、制作等深度合作关系，这些都已经成为当今教育的重要诉求。

影视拍摄是现在大型传播环境下不可或缺的一个重要环节，影视摄影技术相关知识是影视传媒专业教学的基础，该课程的教学有利于培养有动手能力的全知型影视传媒人才。

本书除第六章由韩国东西大学影像内容系博士丁智擘编写，其余章节均由武汉学院孟祥斌编写。

由于水平有限，书中不足之处在所难免，敬请各位专家、学者不吝赐教。

编 者

2017 年 6 月

目　录

第一章　影视画面

第一节　影视史话

影视摄影的发展基于视觉艺术的发展及科学技术的发展，它们之间相伴相依，密不可分。影视与摄影有着千丝万缕的关系，摄影追求像影视画面那样的故事性，而影视则追求摄影那样精准的构图。

一、摄影

摄影的发明由小孔成像原理到“镜头”的出现，感光材料的变化改进，经过了漫长的历史时期，期间无数人参与探索研究。

公元前400多年，中国哲学家墨子观察到小孔成像的现象，并记录在他的著作《墨子·经下》中，成为有史以来对小孔成像最早的研究和论著，为摄影的发明奠定了理论基础。墨子之后，古希腊哲学家亚里士多德和数学家欧几里德、春秋时期法家韩非子、西汉淮南王刘安、北宋科学家沈括等中外科学家都对针孔成像有颇多论述，针孔影像，已为察觉乃至运用，但只可观察，无法记录。

1822年开始，法国人约瑟夫·尼塞费尔·尼埃普斯(图1-1-1)，研究以玻璃板为片基固定影像。1825年，取得以金属版固定的影像。这就是尼埃普斯的“日光刻蚀法”。1825年，尼埃普斯用晒相法在涂有沥青的石板上制作了《牵马少年》照片(图1-1-2)。画面翻拍十七世纪的一幅荷兰版画。

1826年，世界上第一幅实景照片《窗外》(图1-1-3)问世，是法国尼埃普斯在经过13年的反复实验后，于1826年拍摄的他住房窗口外的景况。他把一块涂有能感光的沥青层的白蜡板放置在暗箱里，把暗箱固定在他的工作室的窗口，曝光了8个小时，再经过熏衣草油的冲洗，获得了人类拍摄的第一张照片。

在这张正像上，左边是鸽子笼，中间是仓库屋顶，右边是另一物的一角。由于受到长时间的日照，左边和右边都有阳光照射的痕迹。尼埃普斯把他这种用日光将影像永久的记录在玻璃和金属板上的摄影方法，称做“日光蚀刻法”，又称阳光摄影法。他的摄影方法，比达盖尔早了十几年，实际上应被称为摄影术的发明者，只是由于尼埃普斯为保密而一直拒绝公开，也就未被予以公认。美国盖蒂研究保护所的科学家最近对这张世界上最古老的照片进行全方位分析后认为，这张照片至今保护完好。科学家正在设计一个内含惰性气体

图 1-1-1 约瑟夫·尼塞费尔·尼埃普斯

图 1-1-2 世界上第一张照片《牵马少年》

图 1-1-3 世界上第一幅实景照片《窗外》

的密封盒，以求使这张照片能够再保存数百年。这幅照片最后一次公开展览的时间为1898年，此后一度销声匿迹，直至1952年才重新面世。科学家杜森·斯图里克说："如果你想一想照片的整个历史，还有胶片和电视的发展，就会发现，它们都是从这第一张照片开始的。这张照片是所有这些技术的老祖宗，是源头。也正因如此，它才那么令人激动。"

1826年，英国人塔尔波特拍摄了《窗口》(图1-1-4)，纸基负片大小是25mm^2，是现存最早的负片。

图1-1-4 1826年 塔波特《窗口》第一张负片

1829年，法国人路易斯·达盖尔(图1-1-5)，法国巴黎歌剧院的美术师，热衷于创作全景画作为舞台的背景。为使全景画更加逼真，他经常使用一种名为"黑盒子"(又名描画器)的东西记录、观察自然影像。"黑盒子"是十八、十九世纪欧洲画家使用的一种绘画工具，其原理就是"小孔成像"。达盖尔想，能不能把黑盒子里的影像固定下来呢？能不能不用画笔和颜料自动再现世界的景色呢？1829年起，达盖尔开始与尼埃普斯合作，共同研究摄影术。他们分处两地，各自进行试验，并互相函告结果。

1833年，尼埃普斯逝世，达盖尔开始独立探索研究摄影术。1835年，法国人达盖尔发现在碘化银感光板上的潜影，利用水银蒸汽能够显现为可见的图像。1837年，达盖尔创立了"银版摄影法"。该方法是将镀银铜板在暗室中与碘接触，使其表面生成可感光的碘化银。经拍照曝光后放入有水银的暗箱中加热，汞蒸汽与铜板上受光部分的碘化银生成汞银合金影像，这就完成了"显影"。然后放入热食盐水中漂洗，未受光碘化银与氯化钠作用失去感光性并溶于水中，汞银合金组成的影像便永久固定于铜板上，从而完成了“定影”，得到一幅层次丰富的照片。这也被称为“达盖尔摄影法”，摄影术的正式诞生。

1837 年，达盖尔用水银蒸汽使曝过光的铜板显影，用 30 分钟拍摄成了《工作室一角》(图 1-1-6) 这幅有突破性的照片，这幅照片是存世最早的“达盖尔银版摄影法”照片，也是世界上第一幅“静物照片法”照片，也是世界上第一幅静物照片。

图 1-1-5　达盖尔的银版肖像

图 1-1-6 《工作室一角》

1839 年 8 月 19 日，达盖尔公布了他发明的“达盖尔银版摄影法”，于是世界上诞生了第一台具有商业价值的可携式木箱照相机。达盖尔银版摄影法的发明，使摄影成为人类在绘画之外保存视觉图象的新方式，并由此开辟了人类视觉信息传递的新纪元，成为举世公认的“摄影之父”。法国学术院举行的科学院和美术院联席会议宣布是年8月19日是“世界摄影术诞生日”。

二、电影诞生

自1839年出现照相术后，欧美许多国家的发明家再接再厉，为记录和再现活动影像又进行了不懈的努力。其中，对形成电影贡献最大的是美国的伊斯曼、爱迪生和法国的卢米埃尔兄弟(Auguste Lumiere & Louis Lumiere)。依斯曼于1889年发明了将感光乳剂涂布在赛璐珞长条上的感光胶片，从而不仅便于拍摄长时间的活动影像，而且使透视或放映这些影像成为可能。爱迪生发明了使用感光胶片连续拍摄的摄影机，并于1891年发表了他制作的可供一个人通过放大镜观看活动影像的活动视镜。卢米埃尔兄弟则在依斯曼和爱迪生成就的基础上，研制成功采用新传动方式的电影机，1895年2月13日获得“摄取和观看连续照相试验用的机器”的首项专利，同年3月30日，机器改进后再获专利，并正式定名为“电影放映机”。1895年12月28日，在巴黎大咖啡馆的印度厅首次把影片放映在银幕上供许多人观看。后来这一天就被视为电影诞生之日。《火车到站》、《工厂大门》、《水浇园丁》等短记录片的摄制上映表明电影结束了发明阶段。进入1896年后，在短短半年的时间里电影放映风靡欧美许多国家。远离欧美的中国也于1896年8月11日在上海首次放映了法国电影，当时称为“西洋影戏”。而1901年电影在香港首次放映时，被称为“奇巧明灯戏法”，后又称为“影画戏”，到20世纪20年代“电影”一词才出现。1905年，曾在日本学过照相技术的沈阳人任景丰，从德国商人手中购得法国制的木匣手摇摄影机及胶片14卷，在他开设的丰泰照相馆，利用日光在露天拍摄了著名京剧演员谭鑫培的舞台记录片《定军山》，这是中国人自己拍摄的第一部影片。

日本在放映《李鸿章赴纽约》时，当影片中几次出现清廷大员李鸿章走到旅馆门口的镜头时，解说员就大声喊到：“像天下的英杰、世界伟人李鸿章这样的人物，居然能够随意让他几次走来走去，这的确是我们的活动照相(最初日本称电影为“活动照相”，日语为“活动写真”)的真正价值。”电影的诞生终于使人类有了以活动影像的方式记录并再现现实的手段。的确，“有了电影就不再有绝对意义上的死亡”。

电影作为一种崭新的传播媒介和艺术形式在世界范围得到迅速发展后，其第一项重大技术进步是有声电影的研制成功。由于电子管、扩大器的光电管的先后出现，美国于1926年首先放映了用光学(感光)法制作的有声电影，从而结束了由电影发明初期就在进行的用机械法(留声机)制作有声电影的各种尝试，1927年公映的有声片《爵士歌手》标志着默片成为历史的陈迹。有声电影扩展了电影原来的表现范围，也促进了电影技术内部一系列的重大变革和进步。40多年中除个别特殊情况外，所有35毫米电影和16毫米电影都沿用光学录音还音的方法。20世纪50年代开始使用磁性录音技术，明显地提高了影片的声音质量和工作效率，降低了原材料消耗，同时也为发展立体声电影提供了有利条件。至80年代，在所有影片的制作过程中都广泛地使用了磁性录音。1977年，出现杜比(DOLBY)矩阵立体声系统(美国人雷蒙·杜比于1965年在伦敦创立“杜比实验室”，拥有众多著名的音响技术专利)。近年来，先进的数字录音技术也开始得到使用。黑白电影问世后不久，欧美一些国家开始研究彩色电影。在30余年的探索过程中曾出现过多种方法，其中有的在短时间里也得到过一定范围的实际应用，但奠定今天彩色电影技术基础的是1932年在美国出现的染印法和1935年在美国、1936年在德国出现的多层乳剂彩色胶片。前者主要在30年代中期到40年代中后期使用，后者在“二战”结束后开始使用、50年代得到推广。过去因胶片褪色而使许多受欢迎的老影片不能重新上映，现已研制出了在22℃、相对湿度40%的保存条件下经过100年也很少褪色的彩色胶片。另外，在50年代基于醋酸片基的安全胶片取代了速燃性的硝酸片基胶片。

值得一提的是，电影从它的初期就注意了基本技术规格的统一和标准化，这一点和后来的电视的技术标准有很大不同形成鲜明对照。它保证了影片进行国际交流时不致由于规格不同而发生障碍。自1925年在巴黎的国际电影会议上将电影胶片的标准宽度规定为35毫米、画幅尺寸定为24×18毫米后，又陆续制定了有声电影、16毫米电影、8毫米电影、超8毫米电影、宽银幕电影、遮幅电影、70毫米电影等大量技术标准。各个时期各国的影片都是采用当时的统一技术规格摄制与放映的。

三、电视发明

电视的诞生稍晚于广播，它同样是许多国家科技人员长期研究、实验的结果。电视的发明主要经历了以下三个阶段：

首先是电视技术的准备。19世纪某些科学家发现光线照射在含硒的物体上会产生电子放射现象，由此而进行的对化学元素硒的光电效应研究，为人们提供了电视传播的基本原理。1884年德国工程师保罗·尼普科发明了机械扫描圆盘，通过光电转换，人们可以在接收器上看到导线传送过来的图象。本世纪初英国和俄国一些科学家提出了电子扫描原理。1923年美籍俄裔工程师左瑞金发明了光电管，用电子束的自动扫描组合画面，为电视摄像机的设计作出了贡献。

其次是实验性的电视播映。1926年英国科学家贝尔德采用电视扫描盘，完成了电视画面的完整组合及播送，在伦敦公开表演，引起轰动。1928年美国通用电气公司的纽约实验台播映了第一个电视剧。1929年到1935年，英国广播公司与贝尔德合作多次进行实验性电视广播，包括有声舞台剧的播映。1935年德国柏林的实验电视台曾经播放过电视节目，但清晰度很差。1936年8月奥运会在柏林举行，该台又曾向公众播送过几小时实况节目，扫描行数为180行，不久发射机烧毁，实验中断。

最后是正式电视播送。1936年英国广播公司建立电视发射台，11月2日起定时播出电视节目，扫描行数已达240行以上。一般认为这是世界电视事业的正式开端。苏联1938年在莫斯科和列宁格勒相继建立电视台，第二年正式播送节目。美国1939年全国广播公司附属的电视台转播了纽约世界博览会盛况，1941年第一批商业电视台获准开业。

电视事业诞生以后，经历了一些波折。由于第二次世界大战的爆发，多数国家无暇顾及电视开发。除了美国有6家电视台继续播映外，其他各国的电视研究、生产和播映全部中断。大战结束后，英、法、苏、德等国电视事业才逐步恢复，随后日本、澳大利亚、加拿大等国也相继兴办。20世纪50年代以后，发达国家和拉美地区的电视发展十分迅速，随着电视机的广泛生产和销售，电视日益成为重要的大众传播媒介。60年代以后，许多亚非国家也开办了电视，到20世纪末，电视业已普及整个世界。

第二节　电视画面形态

一、什么是电视画面

从狭义上讲，电视画面特指一“帧”电视画幅，或一个电视“镜头”；而广义地，它可以泛指电视传播学或电视文化学研究意义上的电视“图像”。

所谓“帧”是指电视画面的技术单元，相当于电影画面的“格”，不同的是它是由电子扫描形成，每帧由2场电子扫描组成，每秒25帧(或每秒50场)，相当于电影摄影每秒24格的速率。帧时组成电视画面的最小单位，但由于其时间延续的短暂，并不具有电视画面的表现意义。

“镜头”是指摄像机从一次开机到关机之间拍摄到的一段连续画面。镜头这一物理形成的持续过程，体现出特定的电视时间和空间。因而镜头是电视画面的基本结构单位和基本表意单位。若干个镜头可以组成一个有机联系的镜头段落，而多个镜头又能结构呈一部完整的电视片或一个电视节目。

广泛意义上的电视画面，则是指电子技术产生的图像，一种可以从新的大众传媒、新的造型艺术、新的视觉文化来界定的图像类型。从词源学的角度来看，照相强调的是光学成像，如果通过光线来形成二维、固定的影像是摄影技术和艺术致力于解决的中心问题；电影侧重影像活动，使图像动起来并加以运动摄影来表现世界是电影的最大贡献；而电视一次的本意是图像的远距离传递，这一技术的特点影像了电视摄像或电视画面处理的许多具体特性。电视画面的摄制不仅是一个光学成像的问题，也不仅是一个处理活动图像的问题，它还设计电子成像和图像传输的方方面面，因此我们应对电视画面形态作出必要的界定。

二、电视画面特点

当我们用摄像机拍摄时，我们通过摄像机寻像器所看到的或稍后将在电视屏幕上所展现的电视画面，是以什么样的形态和样式存在的呢？

(一)以图像为主，声画结合

电视画面的组成包括图像、声音(音响、语言、音乐等)、文字(字幕、图表等)。电视摄影当然首选考虑的是图像处理，但不应忽略文字和声音的作用，后者的存在将影像图像的内涵，补充或扩展图像的时空，从而改变我们对图像的习惯处理方式。比如我们习惯在表现火车出站的时候插入一个车头或车轮特写。在默片时代，这样一个插入镜头往往是一个必不可少的叙事成分，讲述的是“火车鸣笛”或“车轮铿锵”。但是在有声电影或电视里，对汽笛声或车轮声的叙事已经由声音自己来担当，这一类特写镜头所原油的纯粹叙事已经由声音来担当了，它或者重复了声音的讲述，或者从叙事性镜头转换成了一种表现或造型的镜头。当电影由无声片发展为有声片之后，由于声音的介入，“纯像”的画面实际上已经不复存在，无声的画面只能被我们理解为：或者是客观的“无声”物，或者被制作者有意地处理为无声，或者是技术故障。对电视而言，由于从一开始就以声像合一的技术方式存在，声音已经内在化为画面的组成部分。尤其是当代电视正形成直播节目和谈话节目占据主导地位的大趋势，电视摄影的画面处理在这一类节目中必然要突出考虑声音，甚至于要服从对声音的处理，比如说，景别的安排、机位的调度等要围绕着谈话作出安排。在电视新闻采访摄像时，对现场记者的采访报道是否或如何做“出镜”的安排，已经成为电视新闻摄影的一个实践问题。另一方面，在全球化的电视时代，各种字幕正在以越来越大的比例出现于电视画面上，尤其是新闻节目的画面上。这对于电视的版面安排是电视摄影在拍摄时需要预先考虑的。

(二)具有固定画幅和固定边比

也就是指电视屏幕在画幅(水平构图)和边比(宽、高尺寸比例)两方面受到双重限制，是电视摄影在处理空间关系时所必须要考虑的一个重要因素。画家可以自由选择自己绘画作品的画幅形式和尺寸，图片摄影师可以横构图、竖构图或随意剪裁，与此相比电视画面在空间形式上的限制最大。固定画幅和固定边比必然影响到电视摄影对画面构图的处理，比如当观众不可能把电视竖起来看时，你就不能竖着摄像机来拍摄一座高楼或山峰。一方面，固定画幅和固定边比限制了电视摄像空间安排的自由性；另一方面，它也促使我们在拍摄实践中努力调动各种技术和艺术手段来打破限制，创造自由表现的艺术空间。

(三)以连续展示的二维平面来再现时空或重构时空

电视画面在现今技术基础和物质材料的限定下，无论采用多机位拍摄，怎样用多信息渠道传送，仍需呈现在一个明显的边缘的平面上，一种立式横向的矩形框架结构的电视屏幕上。无论其立体感何其逼真，事实上它仍然是各个平面的连续展示，我们无法在荧幕的侧后方目睹画面物像的侧后面。因此屏幕显示、平面造型、框架结构这三个方面构成电视画面特定的空间形态和特性。现阶段，电视画面的造型表现和视觉美感均在这个大前提下发挥自己的优势和特长。

电视画面不仅占有一定的空间，呈现出一定的空间形态；同时，它还要占有一定的时间，并呈现出一定的时间形态。电视画面的时间和空间是结合在一起的。具体表现在以下三个方面：

1. 单向性

电视画面的空间表现是三向度的(高、宽、深)，而时间表现却只有一个向度(向一个方向运动)。电视画面传递视觉信息可以在三个方向上多层次、多元化地展开，而电视画面通过时间形成视觉信息传递的完整造型却只能是单向的，如同客观现实世界中时间只是不断向前运动而从不倒退一样。

2. 连续性

电视画面以每秒25帧的静态画幅的速度连续不断地变换画面内容，利用人眼视觉暂留现象使画面更真实地描绘运动。客观事物运动的连续性要求电视画面记录表现的连续性。

因此，电视画面的造型过程中不是跳跃的、无序的，而是连续的、有秩序的。画面在空间上对造型元素的经营，是通过在平面框架内不同位置的安排来体现的，而画面在时间上的造型表现，是通过画幅先后排列的秩序安排来体现的，并由此形成了电视画面语言传情表意的内在规律。

电视画面在时间上是单方向运动并连续不断的，它符合人们生活中对事物的认识规律和习惯。这也决定了观众对电视画面观看的一次过特征，从某种程度上说，观众看电视画面是处于被动的位置上的。

3. 同时性

现代的电视制作、传播系统，可以消除电视画面现场信息传播的延时障碍，使得电视画面的摄录、传播与收视达到以前难以实现的同时性。作为电子时代的现代传播媒介，电视不仅改变了人们获取信息的方式，而且建立在高科技基础之上的同时性特性还在不断开拓新的视听方式。

第三节　影视画面比例

一、影视比例简介

我们现在的电视、显示器、手机等液晶电子产品都已经进入了16∶9世代，很多厂商在宣传产品时总是以电影为卖点大肆宣传自己的16∶9产品，但16∶9是否是正统的电影比例也许大家并不清楚。事实上16∶9并非电影的原生比例，我们看到的点对点16∶9片源都是经过后期处理也就是修剪过的片子，在画面内容上有一定的丢失，而真正没有修剪过画面的16∶9片源还是有黑边的。

对于专业的影视从业人员和电影爱好者来说，有黑边的16∶9片源更适合体验完整画面的电影。

首先我们来了解一下电影银幕比例的基本知识。早期电影的银幕比例为1.33∶1(4∶3)。在电影刚刚出现的年代，所有电影的画面大小形状都是差不多的。我们一般把画面宽度和高度的比例称为长宽比(Aspect Ratio，也称为纵横比或者就叫做画面比例)。从19世纪末期一直到20世纪50年代，几乎所有电影的画面比例都是标准的1.33∶1(准确地说是1.37∶1，但作为标准来说统称为1.33∶1)。也就是说，电影画面的宽度是高度的1.33倍，这种比例有时也表达为4∶3，就是说宽度为4个单位，高度为3个单位(图1-3-1)。这种画面比例被美国电影艺术和科学学院所接受，称为学院标准(Academy Standard)。

图1-3-1　1.33∶1

20世纪50年代电视的普及促使宽银幕电影出现，刚刚诞生的电视行业面临着采用何种屏幕比例作为电视标准的问题。为了方便把电影搬上电视屏幕，美国国家电视标准委员会(NTSC)最后决定采用学院标准作为电视的标准比例，这也就是4∶3电视画面比例的由来。这个比例一直到今天仍是电视的主导标准。

随着电影通过电视屏幕迅速进入家庭，好莱坞的电影公司发现电影院里的观众开始大量流失。为了让观众重新回到电影院，他们想出了新主意：立体电影和宽银幕电影(图1-3-2)。这两种电影的试验实际上从20世纪20年代就开始了，但直到50年代才受到真正的重视。当然立体电影并未真正的成为大众消费的主流，宽银幕却一直传承下来。

图1-3-2

变形宽银幕电影(图1-3-3)是指用变形球面镜头拍摄，把图像在水平方向挤压，使得画面能适合于1.37∶1的胶片，如果对着光源直接看电影胶片的话，圆体看起来就会象又瘦又长的椭圆型。当播放影片时，就用带有变形镜头的电影播放设备，利用光学原理重新把图像拉宽放映，使图像回到原来的纵横比。其他画面比例还有1.66∶1和2.20∶1(70毫米胶片)等，但我们的讲解集中于1.85∶1和2.35∶1这两种最常见的比例。

图1-3-3

实际上也有一些相反的情况：你在4∶3的电视上能看到比宽银幕电影更多的内容。这是因为有些导演(包括詹姆斯·卡梅伦)会使用超级35毫米摄影机来拍电影，这样得到的原始胶片就是4∶3的，在电影院里用宽银幕格式放映的时候实际上是裁取了4∶3画面的中间一块。请看下面的例子。

图 1-3-4　《空军一号》电影宽屏版

图 1-3-5　《空军一号》满屏版

图 1-3-4 和图 1-3-5 这两个画面分别来自哥伦比亚三星的《空军一号》宽屏版和满屏版。导演沃尔夫冈·皮特森就采用了超级 35 毫米摄影机来拍这部电影。电影在电影院中放映的时候是用的 2. 35∶1 的比例，但这并不是全部的原始画面，而只是其中的一部分等到制作 DVD 的时候使用的是原始胶片，这样我们就看到了比电影院中更多的东西。画面中的白框显示了 2. 35∶1 的画面所裁切的部分。

这是一种非变形宽银幕系统，使用标准 35 毫米摄影机和常规光学系统进行拍摄，只在摄影机片窗前安装一个一定画幅比例的窗框，以减小画面高度，而不改变宽度。这是改变画面宽高比的最简单最经济的做法。放映时在放映机上加一个与摄影画面宽高比相同的放映片窗，用短焦距放映物镜放映，以扩大银幕上的画面，从而获得宽银幕效果，遮幅宽银幕系统画幅宽高比通常为 1. 66∶1 或 1. 85∶1。遮幅宽银幕的缺点是胶片有效利用率低，并由于采用短焦距放映物镜，增加了放映时的放大倍率，使银幕画面清晰度有所降低。但因制作方便，经济实用，故许多国家都广泛采用，近年尚有逐渐增加并取代变形宽银幕的趋势。

二、电影转化为电视的方法

目前来说采用 4∶3 银幕比例的电影已经基本退出历史舞台，现在主流的电影以

2.35∶1居多。那么我们过去在电视上看的4∶3片源以及近些年主流的16∶9片源是怎样来的呢？主要的转化方式有以下三种方式：

（一）Pan & Scan

Pan & Scan就是以固定的宽高比框裁切画面，以适应显示输出设备的宽高比。

（1）在处理16∶9节目源由4∶3显示设备输出时，裁切左右两边，以保证画面比例为4∶3；

（2）在处理4∶3节目源由16∶9显示设备输出时，裁切上下两边，以保证画面比例为16∶9；

Pan & scan是安排一个4∶3或16∶9的窗体随着宽银幕电影每一帧来回移动从而捕捉画面的主要部分，这样当然有许多问题：随意改变了导演的拍摄意念和美学观，更糟糕的是忽略掉了许多重要的画面信息，几乎有43%的画面是在Pan & scan的取景框外。简单的理解是就好像用4∶3或16∶9摄像机对着宽银幕摇镜头一样。所以用这种方法生产出来的4∶3或16∶9片源只是电影画面的一部分。对于专业的影视从业人员或者那些喜欢原汁原味电影画面的人来说并不喜欢这种方式，特别是4∶3画面被切割掉太多。

图1-3-6　《银翼杀手》电影原版画面

图1-3-7　Pan & Scan 16∶9电视画面

图 1-3-8　Pan & Scan 4∶3 电视画面

图 1-3-6、图 1-3-7 和图 1-3-8 这三幅画面都是取自华纳的电影《银翼杀手》，图 1-3-6 来自电影原版，图 1-3-7 来自 16∶9 全屏电视版，图 1-3-8 来自 4∶3 全屏电视版。这个场景中哈里森·福特正在和肖恩·杨说话。注意原版背景中导演刻意营造的画面，在 Pan & Scan 4∶3 电视版(图 1-3-8)中完全丧失了意境，而且两个角色也只剩了一个。由此可见 Pan & Scan 的好处是屏幕上均能看到影片内容，但画面内容被裁减，因此对于专业的影视从业人员或真正的电影爱好者来说并不会喜欢这种方式的全屏影片。

(二) Letterbox

Letterbox 以固定的宽高比框包选画面，无画面区域用黑色条块补充：

(1)在处理 16∶9 节目源由 4∶3 显示设备输出时，用黑色条块补充上下两边；

(2)在处理 4∶3 节目源由 16∶9 显示设备输出时，用黑色条块补充左右两边；

在 Letterbox 方式下，电影的全部原始画面都被保留了，电视屏幕上下的未使用部分则用黑边来填充，这样来构成一个 4∶3 或 16∶9 的画面。如果是 1.85∶1 的影片采用 Letterbox 在 4∶3 画面中尚可接受，如果是 2.35∶1 的画面则黑边过宽有些压抑。如图 1-3-9 是华纳的电影《银翼杀手》采用 Letterbox 方式在 16∶9 显示器的显示效果。

图 1-3-9　采用 Letterbox 方式的 16∶9

随着目前宽屏显示产品的逐渐普及，在 16∶9 显示产品的支持下，Letterbox 逐渐被大多数人所钟爱成为目前最为主流的电影及电视画面转换方法。

（三）重新构图

对于一些电脑制作的电影，特别是动画电影为了避免画面关键细节的缺失采用了重新构图的方式来转换电影画面，如图 1-3-10 和图 1-3-11，当然这种重新构图的成本是非常高的，少有电影厂商会这样做。

图 1-3-10 迪斯尼动画电影《虫虫危机》原版

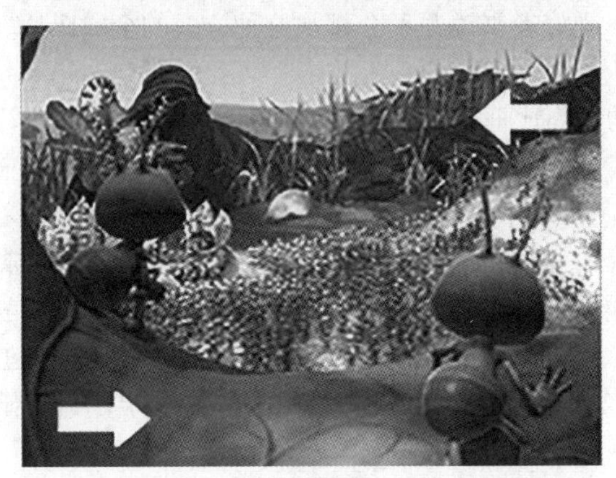

图 1-3-11 《虫虫危机》4∶3 电视版

由此可见 16∶9 并非正统的电影画面比例，只是相对接近 1.85∶1 的学院宽银幕。在宽屏显示产品普及的今天 Letterbox 已经成为最为常用的画面转化方式，而在这里不得不提的是 VR 摄影技术作为一种新兴技术日益成为人们关注的焦点，VR 摄影又名全景摄影，是指利用摄影的记录功能将现场环境真实地记录下来，再通过计算机进行后期处理，以实现三维的空间展示，VR 摄影是没有画幅比例与边界的，与一般 3D 建模所实现的三维空间不同，VR 摄影是通过实地拍摄，对真实场景进行虚拟再现的一种新兴技术，更能接近现场真实的环境，使人产生身临其境的视觉感受，这一创作方式可能会改变我们的影视摄影创作方式。

第四节 影视摄影师的素质

影视摄影师(以下简称摄像师)工作不仅是一项技术性的工作，它也需要融合进艺术性的思维和创作。摄像工作不单是对摄像师才情智慧的考核，它甚至还是对摄像师体能、意志、素质的综合检验。只有纯熟地掌握了画面造型语言，具有了综合高素质的摄像师，才能拍出高水平的画面和节目；反之，高质量的画面和节目正是摄像师高素质，高水平的一个最好反映。

笔者认为一名合格的、优秀的摄像师至少应该具备以下这些素质，才能在电影、电视的旋转舞台上不断学习，积极创新，立于不败之地。

一、过硬的政治素质和高度的敬业精神

摄像师是用画面说话，用画面说理的。拍什么画面及采用何种态度和方式去拍，将直接决定和影响最终的画面效果和观众的收视反应。作为画面的造型家，拍摄者和把关人，摄像师在拍摄电影、电视节目、特别是拍摄新闻、时事性专题节目时，必须紧紧抓住国内外的政治、经济大气候和小气候，配合党和政府的中心工作，宣传党和国家的方针、政策，用符合时代精神和人民需要的合格的特殊精神文明“产品”——节目，来教育引导和感染观众。所以，抱着对观众和工作负责任的态度，我觉得首先要在政治上过硬，才能在艺术上真正做到合格、优秀。

二、扎实的技术功底和全面的艺术素养

摄像师必须处身于技术和艺术的汇合地，在处理画面造型，塑造视觉形象，完善画面构图的过程中寓艺术的表现于技术基础之上，扬技术的优势于艺术表现之中。比如说技术上要求调焦清晰准确，主体形象鲜明真切，但在某些情况下，我们也可能从画面气氛、内容基调、艺术美感等角度出发，运用虚焦画面及焦点的虚实转换等传达特定的内容，收到艺术的效果。再如拍摄夕阳时有意识地使白平衡偏红，这样就能拍到落日熔金的辉煌画面了，等等。

三、现场应变能力和即兴创作能力

摄像工作者在复杂多样的拍摄现场所应表现的应变能力和创作能力可以总结为三个字“挑，等，抢”。既然“我在场”，就一定要竭尽全力，千方百计地挑到、等到、抢到最能反映所拍内容和主题思想的最佳画面。

所谓“挑”，是指摄像师通过镜头挑选，发现和捕捉画面形象的能力。正像美国新闻电影工作者萨缪尔森所说的那样：“能否装好胶片，在适当的时候和适当的地点，对准适当的方向举起摄像机，这是新闻摄像师能否成功的先决条件。难以重演的新闻是没有机会第二次拍摄的。”同样，能否挑选“适当”的时间，地点和方向举起摄像机，也是衡量摄像师基本素质的重要方向之一。

“等”即等待。摄像师在拍摄现场，必须善于等待，要等到最富有表现力的时机，要

等待某个精彩场景的出现。当然“等”绝非消极被动地等，而应是以挑选的眼光，主动积极地、有预见有准备地等。

“抢”就是要求摄像师凭借自己的技术功底和艺术直觉，抢拍下稍纵即逝的精彩画面。因为摄像师是没有机会后悔的，有些镜头一旦错过就可能成为永久的遗憾。比如震惊世界的“9 · 11事件”两架飞机撞击世贸大楼，这些画面就具有突发性，不可预计，稍纵即逝等特点。面对这些事件就需要摄像师凭借职业敏感身手敏捷地按下拍摄键。

四、能动的编导思维和超前的剪辑观念

摄像师绝不能做一个单纯摆弄摄像机的人，而应该让冷冰冰的摄像机变得有生命，能够让镜头画面成为自己塑造形象，传递信息，表达思想感情的有力武器。所以应该在实际拍摄中培养一种能动的、积极的编导思维和超前的剪辑观念。在摄像师的创作过程中，不仅要专注于现场的情况，还应该考虑到后期的编辑问题，诸如镜头的匹配和组接的问题，涉及轴线关系、景别的衔接、角度的择取等多方面内容。有经验的摄像师常会对同一对象多拍一些不同角度，不同景别的画面，以便于后期编辑时镜头的组接。

“摄像机从来不眨眼，摄像艺术永远无止境。”综上所述仅仅只是成为一个“合格”的摄像师应具备的基本素质，而要想成为一个“优秀”的摄像师，其过程正是自己实践、积累、体会、领悟的过程。

第二章　摄　像　机

第一节　摄像机的工作原理

一、摄像机的基本原理

无论何种型号的摄像机，其系统构成和工作原理大致相同，都是把光学信号转变为电信号。当我们把摄像机对准目标物像时，摄像机镜头把被摄对象上反射回来的光线收集起来，通过镜头组的发散与汇聚作用，聚集在摄像器件的受光面上，通过摄像器件(CCD、CMOS或摄像管)把光信号转换为电信号，并获得了“视频信号”，但这种信号比较微弱，需要通过预放电路进行信号的放大，同时，经过彩色信号发生器和同步信号发生器的合成作用，经过编码器的调整和处理后，得到的标准信号送到录像机同步记录相应的信息，从而完成成像和记录的过程。

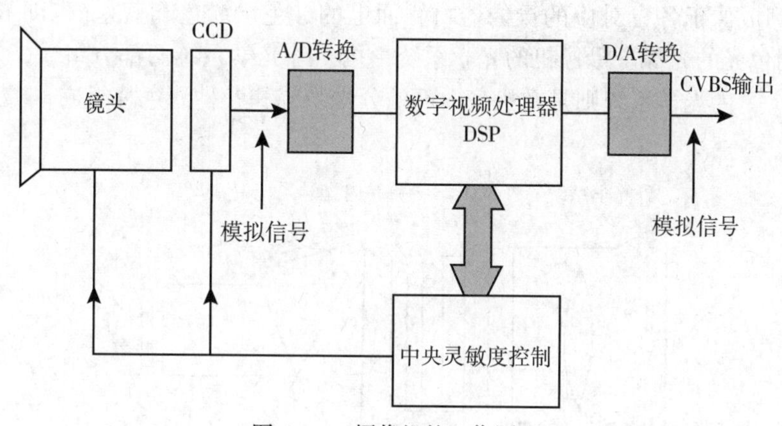

图 2-1-1　摄像机的工作原理

摄像机是一种把景物光像转变为电信号的装置。其结构大致可分为四部分：光学系统(主要指镜头)、光电转换系统(主要指摄像管或固体摄像器件)、图像信号处理及自动控制系统。

(一)光学系统

光学系统的主要部件是光学镜头，它由透镜系统组合而成。这个透镜系统包含着许多片凸凹不同的透镜，其中凸透镜的中央比边缘厚，因而经透镜边缘部分的光线比中央部分

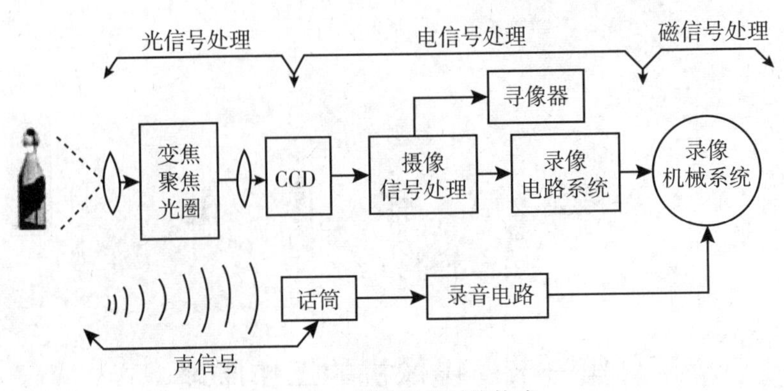

图 2-1-2　摄像机的系统构成

的光线会发生更多的折射。当被摄对象经过光学系统透镜的折射，在光电转换系统的摄像管或固体摄像器件的成像面上形成“焦点”。光电转换系统中的光敏原件会把“焦点”外的光学图像转变成携带电荷的电信号。这些电信号的作用是微弱的，必须经过电路系统进一步放大，形成符合特定技术要求的信号，并从摄像机中输出。

光学系统相当于摄像机的眼睛，与操作技巧密切相关，在镜头及其成像原理里将详细叙述。光电转换系统是摄像机的核心，摄像管或固体摄像器件便是摄像机的“心脏”，也就相当于传统照相机里的胶片和数字照相机里的传感器，它是决定图像质量的关键部件之一，也是摄像师拍摄操作最频繁的部位。

摄像机的光学系统主要由一组变焦距镜头、色温滤色片、红绿蓝分光系统等构件组成，可以得到成像于各自对应的摄像器材靶面上的红色、绿色和蓝色(也即 R/G/B 三原色)三幅不同色光的光像。摄像机的光学系统由内、外光学系统两部分组成，外光学系统便是摄像镜头，内光学系统则是在机身内部的分光系统和各种滤色片组成。

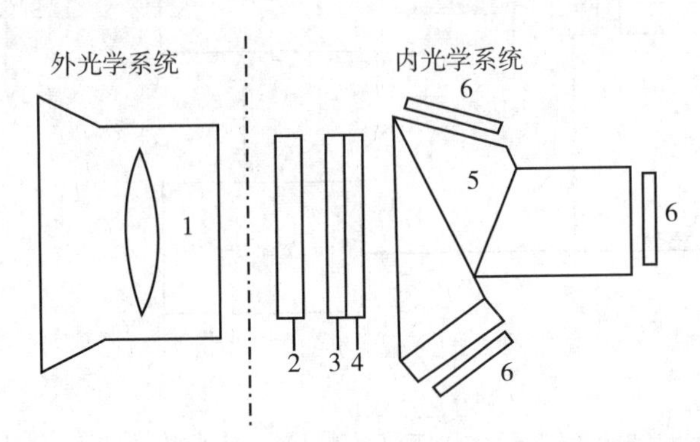

注：1—镜头；2—色温滤色片；3—红外截止滤色片；4—晶体光学低通滤色片；
5—分光棱镜；6—红、绿、蓝谱带校正片。

图 2-1-3　摄像机的光学系统构成图

(1)分光系统。

来自被摄对象反射的光通过变焦镜头后就进入了分光系统，分成红、绿、蓝三束不同的色光，并在摄像器材靶面上被接收。常用的分色系统有两种类型，一种是把分色薄膜镀在透明平板玻璃上，称为平板分色系统；另一种是把分色薄膜完全埋入玻璃里变成棱镜结构，称为棱镜分光系统。

平板分色系统虽然结构简单，但其光学结构松散，光能损失较大，因此在三管机或三片机中通常采用结构牢固的棱镜分光系统。

(2)色温滤色片。

人眼所观察到的物体的颜色除了与物体表面反射特性有关外，还与照射该物体的照明光源的色温有关。为了适应不同照明条件下，使重现色彩正确，目前摄像机采用在变焦距镜头与分色棱镜之间加入几片滤色片，利用它们的光谱特性来补偿因光源色温不同引起光谱特性的变化。

目前的彩色摄像机都是按照3200K照明色温调整的，当光源色温为4800K时，其光谱中蓝色成分偏高，如果插入相应光谱特性的色温滤色片，电视图像的色彩就会得到补偿而不会出现颜色失真。

(二)光电转换系统

光电转换系统主要将成像于摄像器材靶面上的光信号转换成电信号。光电转换系统利用光电发射作用或光电导作用，将摄像机镜头所摄景物的光影像在靶上转换为相应的电位分布图。扫描系统使电子束在靶上扫描，将此电位分布图逐行逐点地转换为电信号。这是电视摄像机成像的重要功能，来自现实生活中的物像之所以能够被逼真的再现在屏幕上，得益于摄像机的光电转换系统(见图2-1-4)。

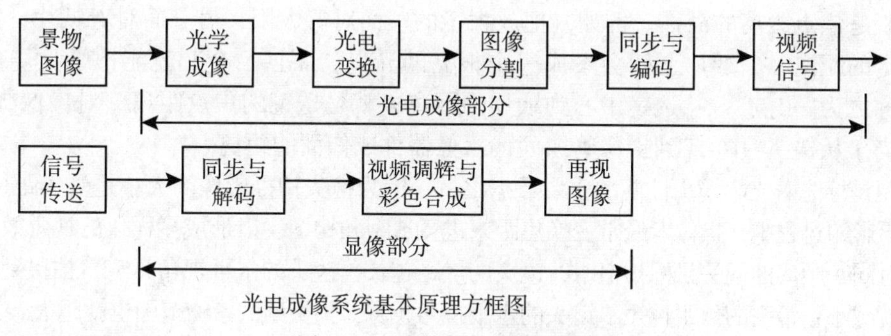

图2-1-4　光电转换系统原理图

(三)图像信号处理系统

图像信号处理系统具有放大、校正和处理电信号的作用，同时完成信号的编码工作，最终形成彩色全电视信号输出到屏幕上。

(四)自动控制系统

现代电子摄录设备已实现高度的自动化，在具体拍摄时需要根据实际灵活使用和操作摄像机。摄像机上的自动或电动控制系统有助于快速实现调节摄像机的目的，极大地简化了摄像机的操作，有助于拍摄复杂的环境和对运动物体的追随摄像。一般来说，摄像机上的自动控制系统包含了电动变焦、自动白平衡、自动光圈和自动对焦等功能。

(五)录像系统

由于现在使用的摄像机大多是将摄像部分和录像部分合为一体，下面再概述一下录像部分的工作原理。

当摄像机中的摄像系统把被摄对象的光学图像转变成相应的电信号后，便形成了被记录的信号源。录像系统把信号源送来的电信号通过电磁转换系统变成磁信号，并将其记录在录像带上。如果需要摄像机的放像系统将所记录的信号重放出来，可操纵有关按键，把录像带上的磁信号变成电信号，再经过放大处理后送到电视机的屏幕上成像。

从能量的转变来看，摄像机的工作原理是一个光——电——磁——电——光的转换过程。

二、镜头及其成像原理

镜头是摄像机最主要的组成部分，并如同人的眼睛。人眼之所以能看到宇宙万物，是由于凭眼球水晶体能在视网膜上结成影像的缘故；摄像机所以能摄影成像，也主要是靠镜头将被摄体结成影像投在摄像管或数字传感器的成像面上。因此说，镜头就是摄像机的眼睛。电视画面的清晰程度和影像层次是否丰富等表现能力，受光学镜头的内在质量制约。当今市场上常见的各种摄像机的镜头都是加膜镜头。加膜就是在镜头表面涂上一层带色彩的薄膜，用以消减镜片与镜片之间所产生的色散现象，还能减少逆光拍摄时所产生的眩光，保护光线顺利通过镜头，提高镜头透光的能力，使所摄的画面更清晰。

我们在初学摄像的过程中，首先要熟知镜头的成像原理，它主要包括焦距、视角、视场和像场。

焦距是焦点距离的简称。例如，把放大镜的一面对着太阳，另一面对着纸片，上下移动到一定的距离时，纸片上就会聚成一个很亮的光点，而且一会儿就能把纸片烧焦成小孔，故称之为“焦点”。从透镜中心到纸片的距离，就是透镜的焦点距离。对摄像机来说，焦距相当于从镜头“中心”到摄像管或固体摄像器件成像面的距离。

焦距是标志着光学镜头性能的重要数据之一，因为镜头拍摄影像的大小是受焦距控制的。在影视摄影的过程中，摄像者经常变换焦距来进行造型和构图，以形成多样化的视觉效果。例如，在对同一距离的同一目标拍摄时，镜头的焦距越长，镜头的水平视角越窄，拍摄到景物的范围也就越小；镜头的焦距越短，镜头的水平视角越宽，拍摄到的景物范围也就越大。

一个摄像机镜头能涵盖多大范围的景物，通常以角度来表示，这个角度就叫镜头的视角。被摄对象透过镜头在焦点平面上结成可见影像所包括的面积，是镜头的视场。但是，视场上所呈现的影像，中心和边缘的清晰度和亮度不一样。中心部分及比较接近中心部分的影像清晰度较高，也较明亮；边缘部分的影像清晰度差，也暗得多。这边缘部分的影像，对摄像来说是不能用的。所以，在设计摄像机的镜头时，只采用视场。需要重点指出，摄像机最终拍摄画面的尺寸并不完全取决于镜头的像场尺寸。也就是说，镜头成像尺寸必须与摄像管或固体摄像器件成像面的最佳尺寸一致。

当摄像机镜头的成像尺寸被确定之后，对一个固定焦距的镜头来说则相对具有一个固定的视野，常用视场来表示视野的大小。它的规律是，焦距越短，视角和视场就越大。所以短焦距镜头又被称为广角镜头(见图 2-1-5)。

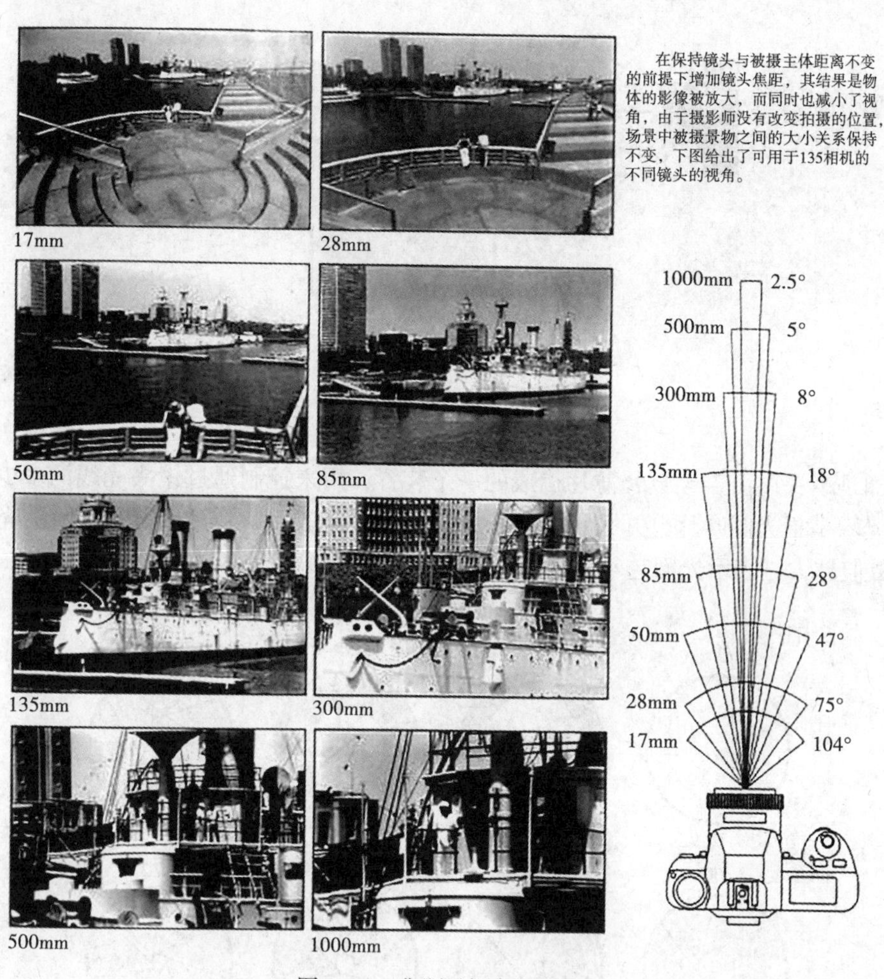

图 2-1-5　焦距及视角解析图

三、镜头的景深原理

当镜头聚集于被摄影物的某一点时，这一点上的物体就能在取景器上清晰地结像。在这一点前后一定范围内的景物也能记录得较为清晰。这就是说，镜头拍摄景物的清晰范围是有一定限度的。这种在摄像管聚焦成像面前后能记录得“较为清晰”的被摄影物纵深的范围便为景深。当镜头对准被摄景物时，被摄景物前面的清晰范围叫前景深，后面的清晰范围叫后景深。前景深和后景深加在一起，也就是整个电视画面从最近清晰点到最远清晰点的深度，叫全景深。一般所说的景深就是指全景深(见图 2-1-6)。

有的画面上被摄体是前面清晰而后面模糊，有的画面上被摄体是后面清晰而前面模糊，还有的画面上是只有被摄体清晰而前后者模糊，这些现象都是由镜头的景深特性造成的。可以说，景深原理在摄像上有着极其重要的作用。正确地理解和运用景深，将有助于拍出满意的画面。决定景深的主要因素有光圈、焦距、物距等三个方面。

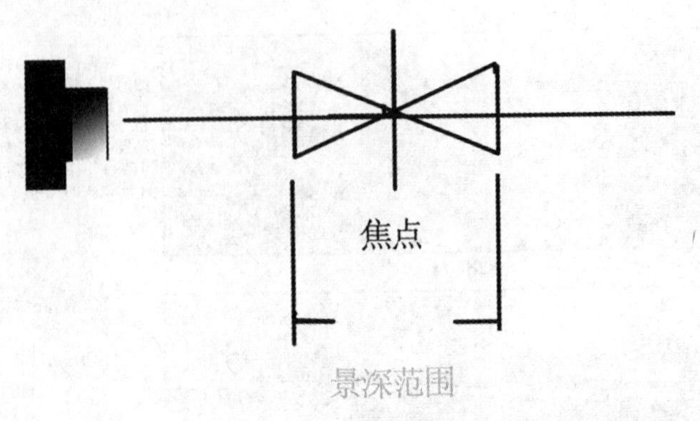

图 2-1-6　景深解析图

光圈是镜头内由若干金属薄片构成的一个装置，用来控制通过镜头光线的多少。人们常说的光圈是指光圈叶片打开孔径的大小，一般用 F 来表示，F＝镜头焦距/镜头光圈的直径，F 数值越大，表示光圈越小；F 数值越小，表示光圈越大(见图 2-1-7)。

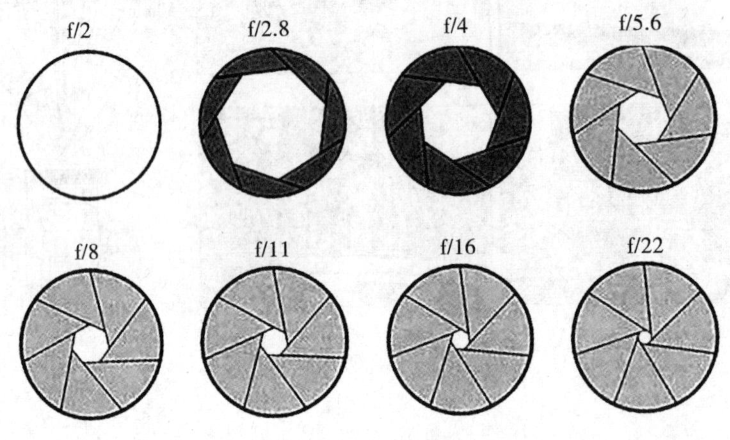

图 2-1-7　光圈解析图

光圈的作用主要体现在三个方面：一是控制进光量的多少，改变画面亮度；二是调整景深；三是影响成像质量。在镜头焦距相同，拍摄距离相同时，光圈越小，景深的范围越大；光圈越大，景深的范围越小。这是因为光圈越小，进入镜头的光束越细，近轴效应越明显，光线会聚的角度就越小。这样在成像面前后会聚的光线将在成像面上留下更小的光斑，使得原来离镜头较近和较远的不清晰景物具备了可以接受的清晰度(见图 2-1-8)。

在光圈系数和拍摄距离都相同的情况下，镜头焦距越短，景深范围越大；镜头焦越长，景深范围越小。这是因为焦距短的镜头比起焦距长的镜头，对来自前后不同距离上的景物的光线所形成的聚焦带(焦深)要狭窄得很多，因此会有更多光斑进入可接受的清晰度区域(见图 2-1-9)。

图 2-1-8　光圈带来的景深变化

图 2-1-9　焦距带来的景深变化

在镜头焦距和光圈系数都相等的情况下，物距越远，景深范围越大；物距越近，景深范围越小。这是因为远离镜头的景物只需做很少的调节就能获得清晰调焦，而且前后景物结焦点被聚集得很紧密。这样会使更多的光斑进入可接受的清晰度区域，因此景深就增大。相反，对靠近镜头的景物调焦，由于扩大了前后结焦点的间隔，即焦深范围扩大了，因而使进入可接受的清晰度区域的光斑减少，景深变小。由于这样的原因，镜头的前景深总是小于后景深。

四、变焦距镜头及其原理

摄像机的镜头可划分为标准镜头、长焦距镜头和广角镜头。以 16 毫米的摄影机为例，其标准镜头的焦距是 25 毫米，之所以将此焦距确定为标准镜头的焦距，其主要原因是这一焦距和人眼正常的水平视角(24 度)相似。在使用标准镜头拍摄时，被摄对象的空间和透视关系与摄像者在寻像器中所见到的相同。焦距 50 毫米以上称为长焦距镜头，16 毫米以下的称为广角镜头。摄像机划分镜头的标准基本与 16 毫米摄影机相同。但是，目前我国的电视摄像机大多只采用一个变焦距镜头，即一个透镜系统能实现从“广角镜头”到“标准镜头”以至“长焦距镜头”的连续转换，从而给摄像的操作带来了极大的方便(见图 2-1-10)。

图 2-1-10　变焦距镜头成像效果

变焦距镜头具有在一定范围内连续改变焦距而成像面位置不变的性能，已成为摄像机上运用最广泛的镜头。变焦距镜头由许多单透镜组成。最简单的是由两个凸透镜组成的组合镜。现设定两个透镜之间的距离为 X，通过实践可以得知，只要改变两个凸透镜之间的距离 X 的长短，就能使组合透镜的焦距发生变化。这是变焦距镜头的最基本原理。但是，上述组合透镜的缺点是，当改变了 X 的距离后，不仅使焦距发生了变化，而且成像面的位置也会有所改变。为了使成像面的位置不变，还必须再增加几组透镜，并有规律地共同移动。因此，摄像机中的变焦距镜头至少要有三组组合透镜，即调焦组、变焦组和像面补偿组。如果因为像距太长，成像面亮度不中，需要缩短像距时，还要再增加一组组合透镜，这组透镜叫物镜组。图五是变焦距镜头的结构图。

变焦距镜头在变焦时，视角也发生了改变，但焦点位置与光圈开度不变。通常所说的镜头的就焦倍数，是指变焦距镜头的最长焦距与最短焦距之比。目前，在一些普及型的摄像机中，其变焦距镜头的变焦范围大体上是从 10~90(mm)，故其倍数约为 6~8 倍。一些广播级摄像机变焦距镜头的倍数约为 14~15 倍。另外，有些机器上还装有一个变焦倍率器，使镜头焦距可以在最长焦距的基础上增加一倍，从而延伸了镜头的长焦范围。但是，这种变倍装置会影响图像的质量，使用时要格外谨慎。

在实际拍摄时，当把变焦距镜头从广角端渐渐地变为长焦端时，其画面的视觉效果好像是摄像机离这一景物越来越近，这种效果便是所谓的“推镜头”。相反的变化效果便是“拉镜头”。摄像机镜头进行变焦距的变化有两种控制方法，一是电动变焦，二是手动变焦。电动变焦靠电动推拉杆(T 推-W 拉)来控制，手在推拉杆上用力的大小可改变镜头运动的速度。电动变焦的特点是镜头在推拉的过程中变化均匀。手动变焦是通过直接用手拨动变焦环实现的，手动变焦一般是在镜头需要急速推拉时才能使用。

变焦距镜头的操作有一定的难度，初学者会更为明显地感到困难，这是因为影响聚焦清晰的因素如镜头焦距、光圈、景深以及主体离摄像机的距离等可能同时都在变化。为了有效地解决这一问题，初学者可以在拍摄中把握这样一点，即先用变焦距镜头最长的焦距对准被摄对象聚焦，然后再恢复到拍摄时所需要的焦距上，这样就能保证被摄对象的清晰。

第二节　摄像机的级别分类

一、按照使用用途分类

（一）广播级摄像机

广播级摄像机（如图 2-2-1）一般用于电视台和节目制作中心，其质量要求较高，如清晰度 700~800 线，信噪比 60dB 以上，从镜头到摄像器件，电路等都是优等的，这类机型主要应用于广播电视领域，图像质量高，性能全面，但价格较高，体积也比较大，它们的清晰度最高，信噪比最大，图象质量最好。当然几十万元的价格也不是一般人能接受得了的。

松下 PX3100MC 高清摄录一体机

索尼 PMW-F5 广播级摄录一体机

图 2-2-1　广播级摄像机

（二）专业级摄像机

专业级摄像机一般用于小型影视公司，清晰度 600~700 线，这类机型一般应用在广播电视以外的专业领域，如电化教育、婚庆等，图像质量低于广播用摄像机，不过近几年一些高档专业摄像机（如图 2-2-2）在性能指标等很多方面已超过旧型号的广播级摄像机，价格一般在数万至十几万元之间。

相对于消费级机型来说，专业级摄像机不仅外型更酷，更起眼，而且在配置上要高出不少，比如采用了有较好品质表现的镜头、CCD 的尺寸比较大等，在成像质量和适应环境上更为突出。对于追求影像质量的朋友们来说，影像质量提高给人带来的惊喜，完全不是能用金钱来衡量的。

松下 AG-HMC153MC 专业级摄录一体机　　　　索尼 AX-2000E 摄录一体机

图 2-2-2　专业级摄像机

(三)业余级摄像机

这类机型主要是适合家庭使用的摄像机，应用在图像质量要求不高的非业务场合，比如家庭娱乐等，这类摄像机体积小重量轻，便于携带，操作简单，价格便宜。在要求不高的场合可以用它制作个人家庭的的 VCD、DVD，价格一般在数千元至万元级。

其质量等级比不上广播级或专业级，多为单片 CCD 摄录一体机。如果再把家用数码摄像机细分类的话，大致可以分为以下几种：入门 DV、中端消费级 DV 和高端准专业 DV 产品。

二、按照存储介质分类

(一)磁带式

指以 Mini DV 为纪录介质的数码摄像机，它最早在 1994 年由 10 多个厂家联合开发而成。通过 1/4 英寸的金属蒸镀带来记录高质量的数字视频信号。

(二)光盘式

指的是 DVD 数码摄像机，存储介质是采用 DVD-R，DVR+R，或是 DVD-RW，DVD+RW 来存储动态视频图像，操作简单、携带方便，拍摄中不用担心重叠拍摄，更不用浪费时间去倒带或回放，尤其是可直接通过 DVD 播放器即刻播放，省去了后期编辑的麻烦。

DVD 介质是目前所有的介质数码摄像机中安全性、稳定性最高的，既不像磁带 DV 那样容易损耗，也不像硬盘式 DV 那样对防震有非常苛刻的要求。不足之处是 DVD 光盘的价格与磁带 DV 相比略微偏高了一点，而且可刻录的时间相对短了一些。

(三)硬盘式

指的是采用硬盘作为存储介质的数码摄像机。2005 由 JVC 率先推出的，用微硬盘作存储介质。

硬盘摄像机具备很多好处，大容量硬盘摄像机能够确保长时间拍摄，让你外出旅行拍摄不会有任何后顾之忧。回到家中向电脑传输拍摄素材，也不再需要 MiniDV 磁带摄像机时代那样烦琐、专业的视频采集设备，仅需应用 USB 连线与电脑连接，就可轻松完成素材导出，让普通家庭用户可轻松体验拍摄、编辑视频影片的乐趣。

微硬盘体积和 CF 卡一样，和 DVD 光盘相比体积更小，使用时间上也是众多存储介质中最可观的，但是由于硬盘式 DV 产生的时间并不长，还多多少少的存在的诸多不足：如防震性能差等。随着价格的进一步下降，未来需求人群必然会增加。

(四)存储卡式

指的是采用存储卡作为存储介质的数码摄像机，现在市面上主流的数字摄像机大部分都使用各类存储卡存储，常见的存储卡有 P2 卡、XQD 卡、CF 卡、SD 卡等。

三、按照传感器类型和数目分类

(一)传感器类型：CMOS 与 CCD(如图 2-2-3)

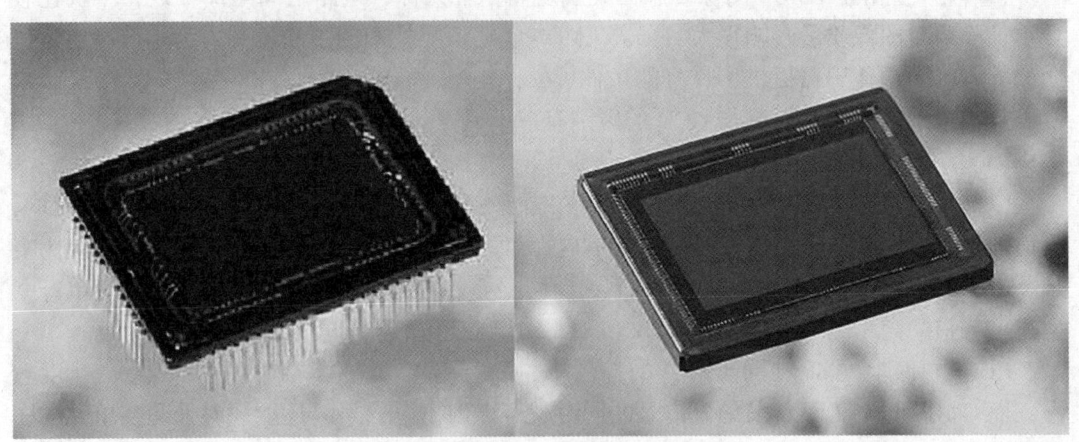

图 2-2-3 左图为 CCD，右图为 CMOS

CCD 的英文全称是"Charge-coupledDevice"，中文全称是电行耦合元件，通常称为 CCD 图像传感器。CCD 是一种半导体器件，能够把光学影像转化为数字信号，CCD 上植入的微小光敏物质称做像素(Pixel)，一块 CCD 上包含的像素数越多，其提供的画面分辨率也就越高。CCD 作用就像胶片一样，但它是把图像像素转换成数字信号，CCD 上有许多排列整齐的电容，能感应光线，并将影像转变成数字信号。经由外部电路的控制，每个小电容能将其所带的电行转给它相邻的电容。

CCD 图像传感器可直接将光学信号转换为模拟电流信号，电流信号经过放大和模数转换，实现图像的获取、存储、传输、处理和重现，如上图所示，CCD 图像传感器具有如下特点：

(1)体积小重量轻；

(2)功耗小，工作电压低；抗冲击与震动，性能稳定，寿命长；

(3)灵敏度高，噪声低，动态范围大；

(4)响应速度快，有自扫描功能，图像畸变小，无残像；

(5)应用超大规模集成电路工艺技术生产，像素集成度高，尺寸精确，商品化生产成本低。

CMOS(Compementary Metal Oxide Semi conductor)指互补金属氧化物半导体，是电压控制的一种放大器件，是组成 CMOS 数字集成电路的基本单元。在数字影像领域，CMOS 作为一种低成本的感光元件技术被发展出来，市面上常见的数码产品，其感光元件主要就是 CCD 或者 CMOS，尤其是低端摄像设备产品，而通常高端摄像设备都是 CCD 感光元件。

CMOS 制造工艺被应用于制作数码影像器材的感光元件，是将纯粹逻辑运算的功能转变成接收外界光线后转化为电能，再通过芯片上的模—数转换器(ADC)将获得的影像讯号转变为数字信号输出。CMOS 与 CCD 主要有以下不同：

(1)成像过程中产生的噪声高；

(2)集成性高；

(3)读出速度快，地址选通开关可随机采样，获得更高的速度；

(4)噪声：由于 CMOS 图像传感器集成度高，各元件、电路之间距离很近，干扰比较严重，噪声对图像质量影响很大。随着 CMOS 电路消噪技术的不断发展，为生产高密度优质的 CMOS 图像传感器提供了良好的条件。

从技术角度比较 CMOS 与 CCD 的区别有以下几点：

(1)信息读取方式。

CCD 电荷耦合器存储的电荷信息，需在同步信号控制下一位一位地实施转移后读取，电荷信息转移和读取输出需要有时钟控制电路和三组不同的电源相配合，整个电路较为复杂。CMOS 光电传感器经光电转换后直接产生电流(或电压)信号，信号读取十分简单。

(2)速度。

CCD 电荷耦合器需在同步时钟的控制下，以行为单位一位一位地输出信息，速度较慢；而 CMOS 光电传感器采集光信号的同时就可以取出电信号，还能同时处理各单元的图像信息，速度比 CCD 电荷耦合器快很多。

(3)电源及耗电量。

CCD 电荷耦合器大多需要三组电源供电，耗电量较大；CMOS 光电传感器只需使用一个电源，耗电量非常小，仅为 CCD 电荷耦合器的 1/8 到 1/10，CMOS 光电传感器在节能方面具有很大优势。

(4)成像质量。

CCD 电荷耦合器制作技术起步早，技术成熟，采用 PN 结或二氧化硅(SiO_2)隔离层隔离噪声，成像质量相对 CMOS 光电传感器有一定优势。由于 CMOS 光电传感器集成度高，各光电传感元件、电路之间距离很近，相互之间的光、电、磁干扰较严重，噪声对图像质量影响很大，使 CMOS 光电传感器很长一段时间无法进入实用。近年，随着 CMOS 电路消噪技术的不断发展，为生产高密度优质的 CMOS 图像传感器提供了良好的条件。

从结构区别上分析 CMOS 与 CCD 的区别有以下几点：

(1)内部结构(传感器本身的结构)。

CCD 的成像点为 X-Y 纵横矩阵排列，每个成像点由一个光电二极管和其控制的一个邻近电荷存储区组成。光电二极管将光线(光量子)转换为电荷(电子)，聚集的电子数量与光线的强度成正比。在读取这些电荷时，各行数据被移动到垂直电荷传输方向的缓存器中。每行的电荷信息被连续读出，再通过电荷/电压转换器和放大器传感。这种构造产生的图像具有低噪音、高性能的特点。但是生产 CCD 需采用时钟信号、偏压技术，因此整个构造复杂，增大了耗电量，也增加了成本。

CMOS 传感器周围的电子器件，如数字逻辑电路、时钟驱动器以及模/数转换器等，可在同一加工程序中得以集成。CMOS 传感器的构造如同一个存储器，每个成像点包含一个光电二极管、一个电荷/电压转换单元、一个重新设置和选择晶体管，以及一个放大器，覆盖在整个传感器上的是金属互连器（计时应用和读取信号）以及纵向排列的输出信号互连器，它可以通过简单的X-Y寻址技术读取信号。

（2）外部结构（传感器在产品上的应用结构）。

CCD电荷耦合器需在同步时钟的控制下，以行为单位一位一位地输出信息，速度较慢；而CMOS光电传感器采集光信号的同时就可以取出电信号，还能同时处理各单元的图像信息，速度比CCD电荷耦合器快很多。

CMOS光电传感器的加工采用半导体厂家生产集成电路的流程，可以将数字相机的所有部件集成到一块芯片上，如光敏元件、图像信号放大器、信号读取电路、模数转换器、图像信号处理器及控制器等，都可集成到一块芯片上，还具有附加DRAM的优点。只需要一个芯片就可以实现很多功能，因此采用CMOS芯片的光电图像转换系统的整体成本很低。

CCD和CMOS在制造上的主要区别是CCD是集成在半导体单晶材料上，而CMOS是集成在被称做金属氧化物的半导体材料上，工作原理没有本质的区别。CCD只有少数几个厂商例如索尼、松下等掌握这种技术。而且CCD制造工艺较复杂，采用CCD的摄像设备价格都会相对比较贵。事实上经过技术改造，目前CMOS和CCD的实际效果的差距已经减小了不少。而且CMOS的制造成本和功耗都要比CCD低不少，所以很多摄像设备生产厂商采用的CMOS感光元件。成像方面：在相同像素下CCD的成像通透性、明锐度都很好，色彩还原、曝光可以保证基本准确。而CMOS的产品往往通透性一般，对实物的色彩还原能力偏弱，曝光也都不太好，由于自身物理特性的原因，CMOS的成像质量和CCD还是有一定距离的。但由于低廉的价格以及高度的整合性，因此在摄像设备领域还是得到了广泛的应用。

总而言之，CMOS结构相对简单，与现有的大规模集成电路生产工艺相同，从而生产成本可以降低。从原理上，CMOS的信号是以点为单位的电荷信号，而CCD是以行为单位的电流信号，前者更为敏感，速度也更快，更为省电。现在高级的CMOS并不比一般CCD差，但是CMOS工艺还不是十分成熟，普通的CMOS一般分辨率低而成像较差。

CMOS针对CCD最主要的优势就是非常省电，不像由二极管组成的CCD，CMOS电路几乎没有静态电量消耗，只有在电路接通时才有电量的消耗。这就使得CMOS的耗电量只有普通CCD的1/3左右。CMOS主要问题是在处理快速变化的影像时，由于电流变化过于频繁而过热。暗电流抑制得好就问题不大，如果抑制得不好就十分容易出现杂点。

此外，CMOS与CCD的图像数据扫描方法有很大的差别。例如，如果分辨率为300万像素，那么CCD传感器可连续扫描300万个电荷，扫描的方法非常简单，就好像把水桶从一个人传给另一个人，并且只有在最后一个数据扫描完成之后才能将信号放大。CMOS传感器的每个像素都有一个将电荷转化为电子信号的放大器。因此，CMOS传感器可以在每个像素基础上进行信号放大，采用这种方法可节省任何无效的传输操作，所以只需少量能量消耗就可以进行快速数据扫描，同时噪点也有所降低。

（二）传感器数目：单CCD与3CCD

图像感光器数量即数码摄像机感光器件CCD或CMOS的数量，多数的数码摄像机采用了单个 CCD 作为其感光器件，而一些中高端的数码摄像机则是用 3CCD 作为其感光器件(见图 2-2-4)。

单 CCD 是指摄像机里只有一片 CCD 并用其进行亮度信号以及彩色信号的光电转换。由于一片 CCD 同时完成亮度信号和色度信号的转换，因此拍摄出来的图像在彩色还原上达不到很高的要求。

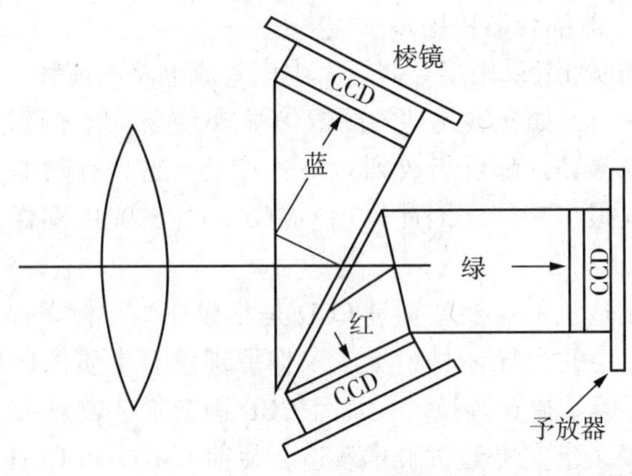

图 2-2-4　3 片 CCD 摄像机

3CCD 顾名思义就是一台摄像机使用了 3 片 CCD。我们知道，光线如果通过一种特殊的棱镜后，会被分为红、绿、蓝三种颜色，而这三种颜色就是我们电视使用的三基色，通过这三基色，就可以产生包括亮度信号在内的所有电视信号。如果分别用一片 CCD 接受每一种颜色并转换为电信号，然后经过电路处理后产生图像信号，这样，就构成了一个 3CCD 系统，几乎可以原封不动地显示影像的原色，不会因经过摄像机演绎而出现色彩误差的情况。

第三节　制　　式

电视信号的标准简称制式，可以简单地理解为用来实现电视图像或声音信号所采用的一种技术标准(一个国家或地区播放节目时所采用的特定制度和技术标准)。各国的电视制式不尽相同，制式的区分主要在于其帧频(场频)的不同、分解率的不同、信号带宽以及载频的不同、色彩空间的转换关系不同等。为了接收和处理不同制式的电视信号，也就发展了不同制式的电视接收机和录像机。世界上主要使用的电视广播制式有 NTSC、PAL、SECAM 三种。

一、NTSC 制式

NTSC 制又称为 N 制。它属于同时制，是美国在 1953 年 12 月首先研制成功的，并以美国国家电视系统委员会(National Television System Committee)的缩写命名。这种制式的色度信号调制特点为平衡正交调幅制，即包括了平衡调制和正交调制两种，虽然解决了彩色电视和黑白电视广播相互兼容的问题，但是存在相位容易失真、色彩不太稳定的缺点。NTSC 制电视的供电频率为 60Hz，场频为每秒 60 场，帧频为每秒 30 帧，扫描线为 525 行，图像信号带宽为 6. 2MHz。美洲以美国为代表，亚洲以日本为代表，欧洲无，全世界将近 30 个国家和地区采用 NTSC 制。

二、PAL 制式

PAL 制又称为 P 制。它是为了克服 NTSC 制对相位失真的敏感性，在 1962 年，由前联邦德国在综合 NTSC 制的技术成就基础上研制出来的一种改进方案。PAL 是英文 Phase Alteration Line 的缩写，意思是逐行倒相，也属于同时制。它对同时传送的两个色差信号中的一个色差信号采用逐行倒相，另一个色差信号进行正交调制方式。这样，如果在信号传输过程中发生相位失真，则会由于相邻两行信号的相位相反起到互相补尝作用，从而有效地克服了因相位失真而起的色彩变化。因此，PAL 制对相位失真不敏感，图像彩色误差较小，与黑白电视的兼容也好，但 PAL 制的编码器和解码器都比 NTSC 制的复杂，信号处理也较麻烦，接收机的造价也高。欧洲以英国为代表，亚洲以中国为代表，全世界约有 50 个国家和地区采用 PAL 制。PAL 制式中根据不同的参数细节，又可以进一步划分为 G、I、D 等制式，其中 PAL-D 制是我国采用的制式。

三、SECAM 制式

SECAM 是法文的缩写，意为顺序传送彩色信号与存储恢复彩色信号制，是由法国在 1956 年提出，1966 年制定的一种新的彩色电视制式。它也克服了 NTSC 制式相位失真的缺点，但采用时间分隔法来传送两个色差信号。欧洲以法国为代表，亚洲以蒙古为代表，全世界也有近 30 个国家和地区采用 SECAM 制。

第四节　摄像辅助设备

一、三脚架

一般人们在使用摄像机拍摄的时候往往忽视了三脚架的重要性，实际上拍摄往往都离不开三脚架的帮助，三角架的功能是固定机位、调节水平以及方便摄影师推拉摇移等。选择三脚架的第一个要素就是稳定性(见图 2-4-1)。

三脚架的作用无论对于业余用户还是专业用户都是不可忽视的，他的主要作用就是能稳定摄像机，以达到某些摄影效果，因此三脚架的定位非常重要。三脚架定位需要注意的几点：

1. 利用三脚架的升降功能在使用前取出三脚架展开后将摇杆旋转至工作高度，(工作高度等于身高减掉 30 公分)取下云台的快装版将快装版上的螺丝锁在摄像机的底部。

2. 把相机装和快装版装在云台上，按要拍摄的镜头调整工作高度，这时就可以用摇杆来调整高度。

图 2-4-1 三脚架

3. 在展开每支脚管时务必把每一支脚管全部拉打开至最大限度为止，并全部展开三支脚管。

4. 因为在操作相机时，如果脚管没有拉到尽头，存在将板扣固定好，脚管关节部位会很容易出现松动的情况，三支脚管也必须展开到最大限度，固定在地面的面积已大得足够，因此三脚架也不易移动。

5. 将三脚架的其中一支脚调到镜头的正下方进行拍摄，另外两只脚管面向拍摄者的方向，这样拍照的时候才不会碰撞到脚架。

6. 检查固定座，看固定座是否固定完好，若没有固定完好，则必须再次固定。

7. 找出水平线，找出水平线的目的在于在使用时方便核对三角架是否平稳，以保证使用的效果。

二、摇臂

摇臂(如图 2-4-2)是拍摄电视剧、电影、广告等大型影视作品中用到的一种大型器材，主要在拍摄的时候能够全方位地拍摄到场景，不错过任何一个角落。摇臂在三脚架功能上增加了升降功能。且镜头在摇的时候更加“夸张”，借此可以拍摄出宏伟、大气的场面。

摇臂的主要组成结构有：摇臂臂体、电控云台、伺服系统、中控箱、液晶监视器。其结构作用分别为：

(1)摇臂臂体——控制摄像机整体移动；

(2)电控云台——控制摄像机水平旋转、垂直俯仰(模仿人的肩膀)；

(3)伺服系统——控制摄像机镜头变焦(推拉)、聚焦、光圈、摄像机摄录控制(模仿人的手指)；

(4)中控箱——所有控制信号、视频信号、电信号在这里进行集中滤波、放大、处理后输入输出；

(5)臂杆的运动、摄像机镜头指向的控制、变焦的控制、焦距的调整等(如果安装了Z

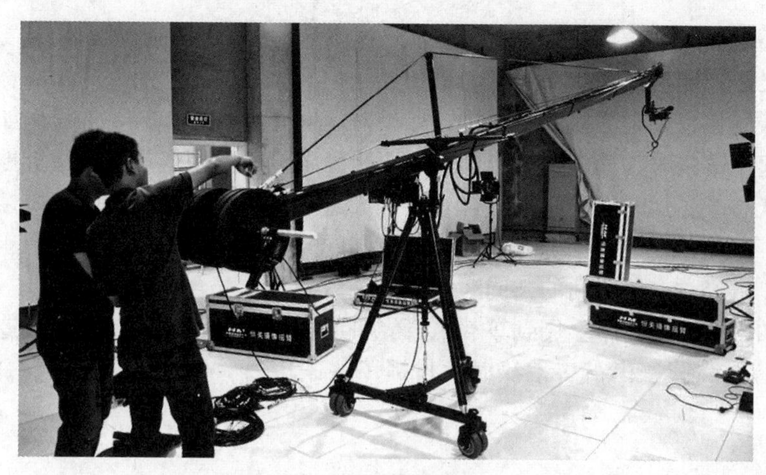

图 2-4-2　电控摇臂

轴部件，则还有 Z 轴的操控）。其中，臂杆的运动与摄像机镜头指向之间的互相配合，是用好摇臂的前提，特别是围绕目标主体运动时尤为重要。而且，随着摄像机变焦镜头逐渐向主体推近，操作难度会随之增加。基本功的掌握要靠平时的实践，非一日之功。初学者至少要有几十小时的基本训练才能初步掌握。每一位摇臂使用者必须练就扎实的基本功，操控起来才能运用自如。

大型摇臂(长度在 7m 以上)的优势在移动拍摄，这是一般的机位无法实现的。而移动拍摄的效果如何，与运动轨迹的预先设计有很大关系。摇臂的运动范围在水平面上是一个圆，一般地，我们只是利用其中的一段圆弧。而在垂直面上是一个扇型，一般也是利用其中的一段圆弧。摄像机的运动轨迹就是水平面上和垂直面上圆弧运动的综合。一般地，摇臂的移位不是很方便，在节目现场基本上是固定不动的，特别是在一气呵成的直播场合。所以，在排练之前，就要认真研究节目，如人员如何出场、站位、舞台上的运动方位、舞蹈的人数等。在"吃透"节目的基础上，设计安排摄像机的运动轨迹，使之最大限度地满足节目的需求，充分发挥摇臂的优势，使节目产生最大的艺术感染力。运动轨迹一旦确定，摇臂的位置也就确定了。如果是分段录制节目，就要根据需要在节目拍摄中移动摇臂位置以适应不同的运动轨迹，那么定位点就不止一个。此时要事先在地面做好标记，并且最好在三角架 O 点的下方悬挂一个物件，以精确定位。

"移动拍摄"的关键在于移动，即摄像机相对被摄物体的位移。在拍摄中要表现好运动，还必须选好参照物，没有参照物就无法表现动感。首先，参照物距离摄像机越近越好，参照物越近，动感越强；其次，参照物也可作为画面的前景来使用。例如：广场大型活动中摇臂摄像机掠过观众头顶的镜头，参照物就是观众，机位越高则动感越弱，只有在观众头顶掠过才能产生很强烈的冲击力和动感；另外，舞台前的绿色盆景、舞台上空悬挂的道具，如伞、气球之类，也可作为参照物使用，同时也可作为画面的前景。只有选好参照物，才能产生事半功倍的效果，虽然臂杆运动速度不是很快，但镜头的冲击力很强烈，其效果是十分明显的。

摇臂可以一人操控，也可两人配合操作。很多摄像人员都习惯于单枪匹马，但究竟是一人操控、还是两人配合操控好，要看具体情况而定。一个人操控时，他既要控制摇臂臂杆的运动，又要控制摄像机镜头的指向，如果是拍摄大场面，再用上广角镜，运动速度比较舒缓，一人操控也还是可以的。但是，如果对运动有更进一步的要求，例如：臂杆运动速度加快、起幅落幅时加速度提高、画面需要精确定位、使用变焦镜头往上推时，一个人恐怕就力不从心了，这时必需两人配合才能完成这些镜头的拍摄。但两人操控有一个互相配合的问题。因此，在节目排练之前需要两人共同与导演策划，商定摇臂的运动轨迹，做到心中有数。再经过一段时间的共同演练，方能做到双方配合默契。

在电影拍摄中，还经常会用到车载吊臂，可以拍摄富有冲击力的打斗或追逐场面。漫威电影《黑豹》在韩国釜山街头拍摄时，封锁了一条街道，使用了车载吊臂跟拍。(如图2-4-3)

图 2-4-3　漫威电影《黑豹》在韩国釜山街头拍摄现场

三、轨道

轨道又名摄像机轨道车，是一种用于摄像用固定摄像机的车辆，现在常用的轨道一般分为小型电轨和钢轨两种(如图 2-4-4)。

轨道车大家肯定不会陌生，从电影成为工业的那一天就伴随着轨道车的应用，现在轨道车的技术已经相当的成熟，关键就要看拍摄人员的功底和创意了。下面我们就来讲讲怎样才是正确的使用，怎样才可以拍出空间感十足的优异画面。

首先在准备阶段的注意事项有：

(1)地基的选择：地基选择很重要，一定要坚实平稳，但往往拍摄地点的地况很复杂，坑洼不平、松软泥泞都是不可避免的，在这种情况下，我们可以参考水平尺的辅助在轨道底下塞进若干木楔子调整水平情况，如果地面起伏非常明显，或者需要穿过门坎的拍摄，我们就需要用砖头或者利用现场的木箱等结实物体作为基础，然后再架设轨道，最后同样用木楔子找平即可。

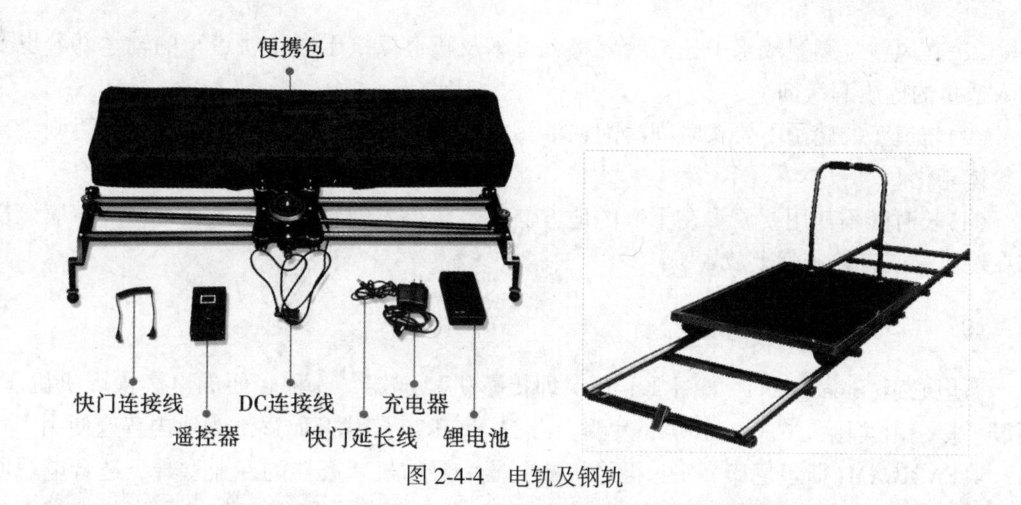

图 2-4-4　电轨及钢轨

(2)接头紧密：轨道与轨道之间的接头一定要连接紧密，绝不可以让轨道的接头吃力，那样既影响使用，又影响轨道的寿命。

(3)架子平稳：三角架与轨道车之间一定要平稳，最好用“打捆器”拉紧，如果是立柱式的轨道车，立柱与车体一定要锁紧。

(4)预先适用：都安装调试好之后一定要运行一下，再进行正式的拍摄。

(5)避开电缆：要考虑到电缆的放置，以免被轨道车碾压造成损坏和危险的发生。

其次在拍摄阶段要注意以下几点：

(1)拍前沟通：拍摄之前导演、摄影师与摄影助理一定要详细沟通交流，要在技术允许的情况下尽可能满足剧情或艺术的要求，另外，也好在拍摄当中掌握运动的位置和节奏。

(2)把握速度：速度既要均匀，还要与剧情吻合，很多摄影助理只顾车推得有多么平稳，但忽略了速度与剧情的配合；另外，还要注意画面比例对速度的影响，4∶3 和 16∶9 的画面比例以同样的速度拍摄，画面的速度感觉是不一样的。

(3)起步停车：快速的启动与停止会有很大的惯性，画面会出现抖动(立柱式轨道车除外)，即使用打捆器拉得很紧也会出现抖动，所以要尽量避免速度的急剧变化。

(4)安全行驶：要时刻注意轨道车的行驶距离，避免轨道车在轨道的尽头冲出轨道，我们可以在预先走位的时候往轨道上面贴上标记点作为辅助位置参考，标记点也可以配合剧情的需要作为移动位置点或者速度变化点。

(5)画面稳定：在平稳的运动也会有察觉不出的颤动，在广角和中焦镜头拍摄时是没有问题的，但长焦镜头拍摄肯定会出现画面的颤动，这是无法避免的，而且长焦镜头会夸大这种颤动，就好像用天文望远镜找星星一样，这边一点轻微的颤动，那边早已偏移多少万公里了，所以尽可能地不使用长焦镜头在轨道车上进行拍摄；另外，摄影助理与工作人员在拍摄过程中踩踏轨道，也会影响画面的效果。

最后，轨道的维护与保养要注意以下几个方面：

(1)长时间运输要避免剧烈的震动，到达拍摄现场后要及时检查是否有松动的螺丝，如有松动应立即拧紧。

(2)在风沙、潮湿或水中拍摄后要将轨道车及轨道擦拭干净，轨道车的轴承部分也要加入适量的优质润滑剂。

(3)轨道车的轮子不要长时间浸泡在油污之中，一旦沾染要尽快擦拭干净，否则会导致轮体老化。

(4)长时间不使用要放置在干燥的地方储存，轨道车的轮子不要压在地面上，应该依靠在墙上，或者轮子朝上放置。

四、斯坦尼康

斯坦尼康(Steadicam)(如图 2-4-5)，即摄影机稳定器。一种轻便的电影摄影机机座，可以手提。由美国人 Garrett Brown 发明，自 20 世纪 70 年代开始逐渐为业内普遍使用。

STEADICAM(斯坦尼康)Tank 摄像机减震器为摄像机减震器的专业型号，适合电视剧制作、文艺晚会、运动节目。承放 1. 2kg~7. 5kg 摄像机或单反，通过 68 厘米的伸缩钢丝来保持平衡及控制摄像机的升降，恰似绑在身上的小型升降臂。摄像机的承重背心的胸架适合男女操作者使用，胸架上的承座可以左右安装以改变习惯于左右手的操作者。稳定器平衡支柱重量轻、承重高，可伸缩。

斯坦尼康大约是在 20 世纪 90 年代进入中国，一些电影制片厂的摄像师们成为了斯坦尼康进入中国的第一批体验者；并且从中涌现了一批对于斯坦尼康技术进行改良的资深用户。

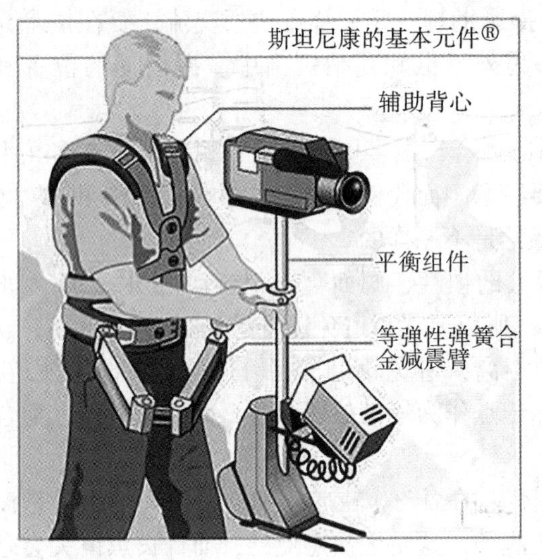

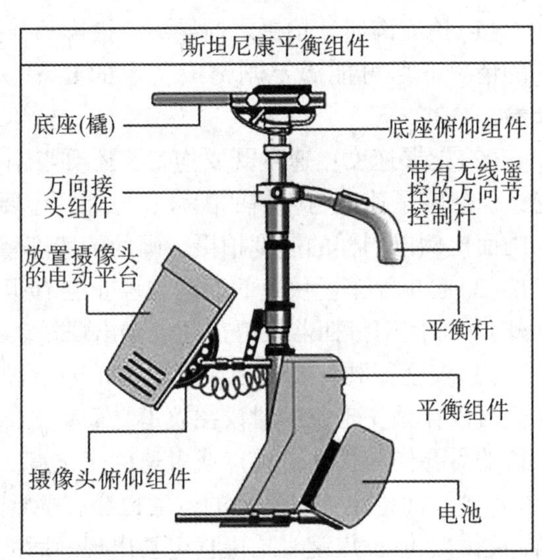

图 2-4-5　斯坦尼康示意

斯坦尼康如今分为 5 类：①大型斯坦尼康：承重背心+减震力臂+稳定平衡杆；②陀螺仪斯坦尼康：承重背心+减震力臂+稳定平衡杆+陀螺仪滚筒；③低拍版斯坦尼康：承重背心+减震力臂+稳定平衡杆+低拍 C 型架+角度调解器；④监视器斯坦尼康：承重背心+减震力臂+稳定平衡杆+监视器+电池+角度调解器；⑤手持版斯坦尼康：稳定平衡杆。

一般情况下，抖动的画面容易使观众产生烦躁、疲劳和反感的感觉；另外，画面的稳定性好对后期制作中加入多层特技有很大帮助；画面抖动再加上噪波是所有压缩算法的大敌，基于 MPEG 高压缩率的传输系统，以及 DVD 和应用长 GOP 技术的数字播出的出现，则要求图像稳定性更高，这样才能保证图像的质量。

当前，电影开始越来越多地运用斯坦尼康来拍摄很多长镜头和运动镜头，以保证更好的视觉效果和叙事节奏。比如一些影片会用载人摇臂结合斯坦尼康共同完成一个长镜头的开篇，还有一些打斗、战争场面以及越来越多的普通场景也会用斯坦尼康来拍摄。

有一点一定要清楚，斯坦尼康并不是代替轨道和摇臂的新生产物，而是另一种视角和观点的实现方式，是营造一种空间感的工具，如果要用它实现轨道的画面效果，那是不实际的，不要试图用它代替轨道，而要好好地利用它所营造另一种感觉，简单的说就是要掌握和理解斯坦尼康特有的语言；其次，斯坦尼康是高度人机结合的设备，使用时需要对走路姿势、腰肩的角度、手臂的随和程度、手指的分配、机器三轴向的配平等若干环节进行训练和校调，在专业领域里斯坦尼康是一个专门的工种，很多都到美国去进行专门的培训，目前国内也逐渐出现一些。

斯坦尼康摄影师在电影史上留下了很多最令人难忘的镜头，最早在《洛奇》和《光荣之路》两部影片中使用，极大地提升了摄影效果，并引发了一场轰动。《洛奇》(1976)是首部使用斯坦尼康的故事片之一，剧中摄影师盖瑞特・布朗登上费城美术馆的台阶为人们展示西尔维斯特・史泰龙的英姿，众人皆为之倾倒。该镜头是影片中最令人难忘的镜头之一，而在发明斯坦尼康之前是可望不可及的。而《光荣之路》一片为 Haskell Wexler 赢得了 1976 年的奥斯卡最佳摄影奖。“在我们开拍之前，Haskell 就清楚地意识到，如果你无法前后移动你的摄影车，最可行的一招就是把它凌空架起”，Garrett Brown 说。尽管斯坦尼康在曲线运动上不如摄影推车来得自如，但是在进行水平方向的位移上显示出了极大的优势，斯坦尼康在展示镜头运动过程中的画面内容上，能够最大程度地接近事物的本质。1980 年，在影片《闪灵》中，导演斯坦利・库布里克出于个人偏好，将鬼屋的走廊尽展眼底，另一个镜头则是杰克・尼克尔森穿过一条白雪皑皑的篱笆小径。采用了大量的长镜头，这一做法使得斯坦尼康的作用得以淋漓尽致的发挥。《俄罗斯方舟》就是借助斯坦尼康而制作完成的一部 86 分钟的电影，全片一共只用了一个长镜头。

马丁・斯科塞斯、保罗・托马斯・安德森以及其他众多导演都曾使用极其复杂的斯坦尼康镜头去展示人物的内心世界和场景。在《盗亦有道》(1990)一片中，斯科塞斯使用斯坦尼康镜头将观众带入科巴卡巴纳海滩一家热闹非凡的餐厅中。在一个长达五分钟的镜头中，观众目送雷・利奥塔从后门穿过厨房，沿楼梯走上酒吧区，最后停下来招呼顾客。这是电影中最吸引人的镜头之一。

斯坦尼康也被用于特效镜头中。在《星球大战 6 绝地归来》(1983)一片中，对于极速追车这一幕，这可是摄影师盖瑞特・布朗带着摄像机在加州雷德伍德国家公园中的几个地方缓慢行走才拍摄成功的。特效处理工作人员将这些镜头快进并将其与演员在自动车上的蓝屏镜头相拼接，才得到这样一组令人兴奋的追车镜头。如果没有斯坦尼康，在快进时，这些镜头会发生晃动。

斯坦尼康摄像机减震器新款 SKⅡ型为减震器的专业型号，适合电视剧制作、文艺晚会、运动节目。承放4.5~10公斤摄像机，通过68厘米的伸缩钢丝来保持平衡及控制摄像机的升降，好像绑在身上的小型升降臂。SKⅡ型背心的胸架适合男女操作者使用，胸架上的承座可以左右安装以改变习惯于左右手的操作者。碳素纤维主支柱重量轻、承重高，3.5寸绿色显示器，即使室外强光下也能便于监视画面构图。

通常，在移动拍摄时我们可借助轨道车、摇臂来降低摄影机的抖动。但斯坦尼康有着极大的灵活性、便利性。它可以拍摄比摇臂时间更长的长镜头，而轨道需要平坦的地面，斯坦尼康却可以适应山地、台阶等更多的环境，可以完成更为复杂的移动镜头拍摄。这也许就是他们的区别，也是斯坦尼康的特点。

斯坦尼康为制片人和电影爱好者提供了全新的自由移动空间。使用斯坦尼康，导演可以带着摄像机(从广义上来讲还包括观众)走进森林、穿越人群或钻入山洞。这部简单的机器真正永远地改变了影视世界。

第五节 摄像机的使用

为了更好地利用摄像机拍摄出质量优良的画面，摄像人员必须掌握摄像的基本操作要领。

一、“平”是摄像机使用的基本要求之一

摄像构图要求横平竖直，建筑物主题轴线要垂直于画框横边，地平线应平行于画框的横边而且不能居中，要根据天象情况决定偏上或偏下。“平”是指画面中的地平线一定要平，不能倾斜。在绝大多数的摄像画面中，不是有水平线条就是有垂直线条，如果画面中的这些线条不是歪就是斜，变会给观众造成某种错觉，好象发生了地震似的。这是摄像中的一大忌讳。如果是肩扛摄像机操作，应当利用画面中景物的垂直线，站立的人物或水平线条作为参考，校正寻像器边框与这些线条相平等，大体就可以做到“平”的要求。如果是使用三脚架拍摄，确保画面地平线的关键是摆平三脚架。一般三脚架上有水平仪，可以调整各支架的高度及云台，使水泡处于中心位置，摄像机的水平就调好了。

二、摄像机拍摄要求“准”(或称为“美”)

准包含两层意思；(1)构图准；(2)色彩还原要准。

(一)构图准

取景构图准这是对准的要求最重要的一个方面，因为聚焦、光圈、白平衡调整都是硬的标准和有固定程序。而取景构图则不同，自动化程度再高也无法代替摄像人员的取景，实现自动取景。由此可见取景构图是一项创造性的工作。而构图的准又包含很多内容，如：

(1)主体、陪体、前景、后景的布局安排(布局)。

(2)形状、线条、色彩、质感、立体感等构图要素的表现(构图要素)。

(3)正、侧、斜、背；平、仰、俯、顶拍摄角度高度的选择(机位的选择)。

(4)远、全、中、近、特各种景别的运用(景别选择)。

图 2-5-1　地平线实例

(5)推、拉、摇、移、跟运动镜头的拍摄，及起幅落幅的确定(运动技巧的运用)。

这些都要做到准确、完美。构图的“准”能使得画面更好地表现内容，更富有艺术感染力。可以说不管文字稿本如何描述画面，不管分镜头稿本多细致，也不管导演、摄像事先构图多周详，这一切文字的、想象的不具体的东西，都在摄像师取景构图按动开关后的一段时间内被取景框确定下来，并随着摄像机的运转，真实、具体地记录到磁带上。因此拍摄电视节目是整个摄制过程中最重要的一环，而取景构图又是摄像中最重要、最主要的部分。

如何做到构图的准呢?

(1)了解并掌握构图、用光、拍摄技巧的基本知识和要求。

(2)预演：先从寻像器上进行选景、构图，并运用各种技巧，试演好了再实拍。

(3)可多选取几种拍摄角度和拍摄技巧从中选取出最理想的画面构图。

通过多学习、练习，做到又快又准。尤其对于运动镜头中起幅和落幅，要做到一次到位，避免来回调整画面，推、拉、摇、移、跟都是如此。

(二)色彩还原准

(1)曝光要准：要做到曝光准确，被摄物要有一定的亮度和光比，同时摄像机的光圈和其他控制要适当。由于电视摄像系统有一个有限的亮度范围 20∶1，在这个范围之内它们能够接受光线，并且能按光线的相对比例再现出来。如果接收的光线不足，图像则产生噪声，如果光线超过最高限度，图像的细部混为一片。如果被摄物的亮度范围合适，就可以用一个恰当的光圈，把这一场景的全部影调范围都包含在光导电(光电转换)的直线范围内，得到全部清晰的图像。在实际拍摄时，景物的亮度范围超过摄像管容纳的亮度范围时，就得作出决定，究竟是损失一些阴暗部分的层次呢？还是损失一些光亮部分的层次，还是取折中值？如果我们取阴暗部分的层次，有意舍去一部分亮度细节，可以选取景物暗部曝光，开大光圈进行拍摄(窗前的人脸)。如果我们取光这部分的层次，舍取阴影细节，就缩小光圈来拍摄(晚上的月亮)。如果我们要使景物暗部和亮部全都呈现清晰，就需要控制景物的亮度范围。使之正好适合摄像管的范围，并选取合适的光圈，就能把被摄物的影调层次全部再现出来(如演播室的布光)。总之通过选取适当的光圈和控制被摄景物的亮度范围，使得拍摄的图像符合要求。

(2)色彩还原要准：影响色彩还原的原因，主要有两个方面：一是景物受到不同色温光线的照射，二是摄像机的白平衡调整及滤色片面的选择。对于前者在摄像时就要靠合理用光，控制色温不用不同色温的光线照明，对后者在拍摄前根据光线条件选择合适的滤色片进行黑白平衡调整，当然如果是有意使画面偏色则另当别论。

三、摄像机拍摄要求“稳”

“稳”是指拍摄的画面要保持稳定，消除任何不必要的晃动。如果画面不稳定，就会给人以不安全的感觉，容易造成视觉疲劳。画面的稳定是对摄像人员的基本要求。操作时一般多为两种方式：支架式和手持式。

1. 支架式：即摄像机固定到摄像机三脚架云台上，摄像师握住摇把和调焦杆，用眼睛贴近寻像器取景构图，以此来进行拍摄的方式。拍摄时根据拍摄的要求，或摄像人员的高矮，调节三脚架的高低，以及水平。对运动镜头拍摄时，应预先将云台的锁扣拧松，使摄像机能上下左右摇动。右手握住摇把，靠它牵动摄像机运动进行摇摄。左手调节变焦扣和调焦杆，进行聚焦和变焦工作。演播室内使用时通常用摄像机遥控器，遥控器的左把手上有聚焦杆，右把手上有变焦杆，分别由左右手控制。利用三脚架拍摄的最大好处就是能获得稳定的画面，尤其在使用长焦镜头的情况下，也能得到稳定的画面。因此在电视节目制作中要尽量作用三脚架。

2. 手持式：三脚架支撑拍摄优点是很明显的，但每换一个地点就重新上卸机，调整高度及水平非常麻烦，而且有时环境条件不允许使用三脚架，这就需要徒手持机进行拍摄，这种情况下，如何保持画面的稳定呢？

(1)肩扛的姿势：又可分为站姿和跪姿。

站姿：肩扛摄象机正对被摄物，两脚自然分开，重心在两脚中间。右肩扛着摄像机，右手把在扶手上，并操作电动变焦以及录像机的启停。左手放在聚焦环上进行焦点调节，并作为支撑点；右眼贴近寻像器，观察图像构图。录制时，如果镜头不长，最好屏住气，直到录完一个镜头。尤其在长焦状态时，轻微的呼吸会使画面产生较大晃动。在摇摄时，要事先选好起幅、落幅，并调整好双脚的位置，避免最后失去平衡。在移动拍摄时，步幅要均匀，最好用广角镜头。

跪姿：单腿或双腿跪立拍摄。摄像机放在肩上，左、右手分工同站姿。通常用于低角度拍摄的场合，如武术表演、体操表演等。

(2)怀抱姿势：将摄像机用右手抱在胸前，左手穿过镜头下方去握住调焦杆，进行拍摄。这种姿式能使机位更低，用于表现高大或深远的场合。

各种手持的姿式，其特点是灵活机动，特别适合于拍摄一些新闻节目，或其他来不及摆布的专题节目。缺点就是画面的稳定性差，为此手持式可采取以下几种措施：a、可借助物体作支撑物；b、掌握好呼吸；c、多用广角镜头，少用长焦镜头。

四、摄像机拍摄要求“匀”

“匀”是指运动镜头的速度要均匀。在拍摄过程，运动的速度不要时快时慢，断断续续。起幅、落幅时的加速和减速也应缓慢、均匀。如开始动时，应是缓慢起动，为匀加速运动，到一定速度时保持匀速，至落幅时，要慢慢减速，为匀减速。推拉时控制好变焦杆，变焦过程中速度均匀。摇摄时要控制好，使把手(或机身)的转动速度均匀。移、跟时，控制好移动工具作匀速运动。

另外在拍摄中还需注意的问题有：

(1)避免“拉风箱”“刷墙”式的摄像机运动。“拉风箱”就是反复使用推拉镜头。“刷墙”是指摇摄时从左到右、从右到左反复摇拍。这些也是初学者易犯的错误，这样拍出的画面给人的感觉是毫无目的，也是不成熟的表现。

(2)多录“5 秒钟”。在起幅之前、落幅之后，应留有 5~10 秒钟的静止画面，以便为编辑时留有预卷的时间。在连续记录中的镜头，如果不停录像机，可不必留 5~10 秒钟，留足镜头用的时间就可以，预卷时间可用上一镜头。对于运动镜头，起幅多留 5 秒钟还有两个好处：一是便于进行“动与动”“静与静”编辑；二是能选出静止镜头。

五、摄像机拍摄要求“清”

“清”可以理解为清楚，拍摄的画面中主体应是清晰的。对于主体运动(水平方向)或距离远近的变化(垂直方向)，有时需要跟焦点，即随主体的移动变化而变焦，以保持清晰。聚焦时要赶前不赶后。对主、陪体变化的情况，要做好记号，或试验后再拍，做到一次到位，聚焦清晰。对有一定景深要求的画面，可采用小光圈、短焦距或远距离拍摄。在一般的情况采用“特写聚焦法”，即在拍摄时，无论是拍摄远处还是近处的物体，都要先把镜头推到焦距最长的位置，调整聚焦环使图像清晰。因为这时的景深短，调出的焦点准确，然后再拉到所需的位置，进行拍摄。在拍摄变焦的推镜头时，也应先在长焦时调好聚焦，再回到广角，从广角开始推，这样图像才能整个过程都保持清晰。

六、摄录注意事项

1. 摄像机与录像机都要在规定的电压、湿度、温度的范围内工作，在防尘、防震、防磁、防腐等环境条件下使用。

2. 不要把摄像机镜头直接对着强光源和太阳，并避免长时间对着亮度较强的固定物体，以免摄像管局部烧伤，CCD 摄像机除外。

3. 摄像机平时要保持水平位置。长时间镜头朝向上，会使摄像管中的尘埃落到钯面上，产生斑点。用后应恢复到水平状态。

4. 摄像机使用完毕要断开电源，关闭光圈，盖好镜头盖，放于便携箱内。

5. 镜头与磁鼓不能用手摸，镜头只能用镜头纸或鹿皮擦抹，磁鼓、磁头只能用鹿皮沾酒精、石油醚等沿水平方向清洁。

6. 摄像机与录像机外壳不能用酒精、苯类溶剂冲洗，只能用干布擦抹。

7. 摄像机在运输或使用中应避免大的振动，轻拿轻放，尤其三管式摄像机更为重要。

8. 摄像机与录像机从阴冷处到热处，镜头与磁鼓会凝聚一些露水，不要急于擦抹，或开机工作，要想办法将镜头与磁鼓露水吹干，才能工作。录像机有测湿去湿装置，如果机内潮湿，接通电源后，录像机的功能键不起作用，需十几分钟，待露水烘干，才能正常工作(家用摄录机在冬天从室外到室内易发生此故障)。

第三章　机位与轴线

第一节　拍摄场景

让我们先从两人谈话场景中如何安排摄像机机位来开始我们本章内容的讨论(见图3-1-1)。

图3-1-1　两人谈话场景

为什么要从两人谈话镜头开始讨论？这是因为两人谈话的场景是电影和电视的最典型、最常见场景之一。有人把中外所有电影和电视的情节归纳为两类：一是两人谈话，二是两人追逐。在这两种基本情节类型之中，你可以设计男女情人之间的娓娓而谈和捉对嬉戏，或者敌对双方的唇枪舌剑与你追我逐。实际上，两人以上或群体的镜头可以简化为等效的两人镜头来处理，比如，可以把所有听课的学生等效为"一个"学生集合，来安排教室场景中老师和学生的镜头关系。在一个多人参与的对话场景中，往往会有两个主要演员或其他类型的出镜人物处在对话的中心位置上。而追逐也不必是两个人的追逐，亦可以是两台汽车或不同人群之间的来来往往。简言之，我们可以把谈话和追逐的镜头统统看做是表现两个对象之间关系的镜头，它们的差异只在动与静的不同而已。因此，把握和处理好两人谈话镜头，便成为摄像机机位安排的基础。

谈话场景中的两个对话人物可以有两种基本的位置排列：一是成直线的排列或"一"

字型站位；二是成直角的排列或“L”字型站位。无论是哪一种排列站位，两个人物之间可以采取四种姿势朝向：一是两人面对面，二是两人并肩向前，三是其中一人背向着另一人的面，四是两人背靠背。当把人的身体位置和摄像机的拍摄方向一起考虑时，我们可以得到一个人的正面、侧面或背面的镜头。相应地，在构图上习惯称之为开放、半开放或封闭性姿态。

对身体位置和姿态不厌其烦地作出上述区分，并不是毫无意义的。人物在镜头上的不同呈现方式，影响到画面空间的重点安排与其他表现效果。有时看起来简单而琐碎的镜头安排，直接关系到电视节目的整体规范性。比如，电视新闻节目的采访镜头曾长期习惯于将记者与采访对象处理为直线排列的“一”字型站位。在单机拍摄时，所得到两人镜头的正面姿态不仅在构图上呆滞而无主次之分，并且很难协调记者与采访对象之间、记者和采访对象与镜头及其所代表观众之间的交流关系。你必须笨拙地扭动身体才能从面对采访对象转向面对镜头观众。现在被普遍接收的“L”字型站位，较好地解决了这一问题。尤其在多机位拍摄的情况下，配合外反拍机所获得的过肩镜头，形成开放姿态(正面)和封闭姿态(背影)的交替转换。如此处理，不仅使影视摄影里的新闻摄像处理更为规范，而且增强了新闻内容的传播效果。

第二节　机位架设

当我们扛起摄像机进入拍摄现场时，遇到的第一个问题可能是“我们应该站在哪里去拍摄?”这是对摄像机机位的考虑。比如，进行一场排球比赛的拍摄，可能摄像要用3台、5台或更多的摄像机，机位应架设在哪里？这中间有没有一定的原则可遵循？是否要受到某种规则的制约？本节将讨论这些问题，并进而涉及在同一场景中镜头段落的拍摄安排。

一般而言，对拍摄位置的优先考虑应该是从镜头所表现的内容或对象出发。哪里能清晰、完整、全面地表现场景和人物，就在那里架设机器。其次，从艺术和审美目的出发。我们当然也希望不拘一格地从尽可能多的角度来设置机位，拍下各种镜头。然而，当把后期编辑的便利和规范性的问题纳入前期拍摄的综合性安排时，机位的架设就必须注意影视编辑“语言”约定俗成的“语法”要求，首先是同一场景中若干镜头之间应该具备一致性的要求，我们称之为匹配的原则。

在广泛的意义上，匹配原则涉及一组镜头之间甚至整部影片的所有镜头的拍摄在色调、照明、表演、场景和镜头安排等各个方面(也包括画面和声音之间以及各种声音效果之间)的从总体到细节的一致性问题。除非有意识地利用镜头的不匹配来达到某种特殊效果或目的，画面的不衔接、不一致将会削弱影视节目的现实可信度和艺术水准，因而要尽量避免。比如说，电视台的新闻节目尤其是地方台的新闻联播性节目，汇集各地各级电视台的素材录音或新闻短片，由于这些短片在拍摄时使用的摄录像设备档次不一，对色彩、光线等和画面质量相关的因素调整控制的技巧良莠不齐，导致整个节目明显的画面不匹配，影响到节目的整体质量和画面效果。解决这一问题，需要对此类节目的摄像和画面质量做统筹的安排，尽可能地提高和统一摄录设备的档次，并把其技术调试问题纳入总体考虑。否则，对新闻联播节目在内容策划、采访编辑和主持艺术等方面的精心努力，将受到技术匹配问题的瓶颈制约。当然，就观看习惯而言，观众一般对电视新闻节目的整体质量以及一致性的要求相对较低，而在看电影、电视剧等其他影视节目时，则会较容易地发现和感受到画面不匹配的现场。

在这里，我们要讨论的是窄义的匹配。窄义的匹配主要是指屏幕假定空间的一致性问题，包括位置的匹配、运动的匹配以及视线的匹配。

位置的匹配是指屏幕上的人物在上下镜头切换时，其所处的相对空间位置不应发生变化。比如。当一个人物在前一镜头中出现于屏幕的左侧，切换至下一镜头时，他仍应保持在画面的左侧。

运动的匹配是指人物或其他运动物体的连贯活动被分镜头记录下来时，其动作的方向性在上下镜头之间应该保持不变。

视线的匹配是指人物的视线方向必须在前后镜头之间保持一致。比如，当两个人物对峙时，分别表现的两个单人镜头的视线必须相反，并和双人镜头的对视方向一致。

屏幕空间的匹配强调了视觉的连贯性，适合日常观看的习惯性，也涉及电视画面的逻辑性问题。如果违反匹配原则，将会形成视觉上的跳动，导致逻辑的混乱，分散观众的注意力，或者使观众对方向和位置产生困惑或怀疑。

这里需要指出，所谓的匹配，是对同一场景中一组连续镜头之间的一致性要求。当镜头切换时，如果上下镜头之间的场景、时间已经转换，则不存在位置、方向或视线的匹配限定。实际上，在影视作品中，往往用位置、方向的变化来展示镜头之间的时间转换，产生斗转星移一般的视觉效果。如果，用一组不断改变前进方向的镜头来表现骆驼商旅在茫茫沙漠里日复一日地艰难行进。当然，这实际上也是对匹配原则的一种“反作用”。我们还要指出，同一场景下的匹配原则是拍摄的常规要求。在许多情况下，为了寻求非常规的艺术追求和其他特殊效果，可以不必拘泥于一致性要求，匹配的限定是完全可以打破的。

在有些电影和电视剧的导演那里，严格地、执着的坚持匹配原则则成为他们的风格表现之一。比如俄罗斯作家托尔斯泰在长篇小说《战争与和平》中描写了俄法战争的宏伟场面，由美国导演金和苏联导演邦达尔丘克执导的不同版本电影《战争与和平》，重现了这些战争场景的历史画面。他们在处理这些战争场景时，始终让法国军队在战场上的交锋布阵保持着固有的方向性。对于不太熟悉这段历史也不了解双方军队着装制服差异的普通观众而言，对画面匹配的恪守使他们较为容易和清楚地分辨交战的双方，从而有助于了解剧情的发展。在一定程度上，它体现了导演对观众的理解和电影的“平民”意识。

回到本节开头我们提出的问题：假设转播一场排球比赛，多台摄像机机位应该如何来安排呢？我们说，足球比赛是在同一场景中进行的，对抗双方的位置方向十分明确。尽管观众可以从运动员的球衣颜色和面容来分辨竞赛双方，电视转播仍应该严格遵循匹配的原则，使全场镜头保持位置的一致。比如，甲队始终从左至右，乙队始终从右至左，使观众如同在现场观看一样，对竞赛双方一目了然。为了保证镜头的匹配，所有机位就必须架设在赛场的同一侧，符合 180 度轴线规则。我们在后面将会讨论这一规则。

第三节　轴线规则

在遵循匹配原则的基础上，当两人的位置确定下来以后，在两人之间便可以划定一条无形的“关系线”，这条关系线使以他们相互的视线走向为基础的，我们称之为轴线。轴线的定义可以理解为指被摄对象的视线方向、运动方向和不同对象间关系形成的一条虚拟关系直线。实际指人物间视线、相关交流方向、运动方向关系所构成的一条无形状的线条。一般分为主体运动轴线、人物方向轴线和人物关系轴线三类。主体运动轴线是指被拍摄主体运动方向所构成的一条虚拟直线称主体运动轴线；人物方向轴线是指处于静态的人物视线与所观看到的物体之间所构成的一条虚拟直线称人物方向轴线；人物关系轴线是指两人物头部间交流线所构成的关系形成的一条虚拟直线称人物关系轴线。

轴线具有以下的特征：一是它把 360 度的全方位划分为两个 180 度的范围；二是在每个 180 度范围之内所有区域拍摄的镜头，两个人物之间的相对屏幕位置(左右)都保持不变；三是两个 180 度范围内拍摄的镜头之间，人物的相对屏幕位置正好发生翻转。因此，为了满足前边所讨论的有关位置匹配的要求，两人谈话镜头的拍摄机位只能安排在两人关系轴线的一侧，即 180 度的范围之内，而不能越过关系线到另一侧去架设机位进行拍摄。否则就是违背 180 度的轴线规则，在行业里我们一般称之为“越轴”或“跳轴”。造成“越轴”后造成的主要影响有：背离原有镜头时间、空间的排序关系，背离原有镜头内容表达关系。拍摄效果就会如同刚启动火车又开回车站一样。

轴线的意义一是轴线是电视画面中形成人物位置关系、视线左右关系、运动方向关系的重要表现手段。因为在镜头组接中需要这种人物位置、视线和运动方向关系之间清楚的逻辑关系。二是在轴线的一侧所进行的镜头调度，能够保证两相组接的画面中人物视向、被摄对象的动向及空间位置上的统一定向，这就是我们在场面调度中所说的方向性。也就是我们所强调的逻辑关系。

“轴”是可以越过的，但是必须借助一些合理的因素作为过渡，来避免“越轴”现象。为了防止后期编辑时由于越轴而产生的不匹配现象，在现场拍摄时应注意以下几点。

一是当需要越轴拍摄时，应尽量用一个不间断的镜头移动越过轴线，引导观众去直接看到方向或位置的改变。

二是有准备地拍摄一些中性镜头以做备用。所谓中性镜头，是指无方向性的镜头。比如，不带方向性的物体镜头、人物的正面特写等。跨在轴线上拍摄的镜头，也必然是中性的。中性镜头插在越轴拍摄的两个镜头之间，可以缓冲屏幕假定位置方向的突然变换给观众视觉产生的不适，使其过渡到新的机位安排。

三是拍摄一些景物空镜头，必要时插入越轴镜头之间来缓冲和过渡。

四是重新使用一个定位镜头来确定新的轴线关系。

在有些情况下，被摄对象对同时涉及两个以上的轴线关系。比如，好莱坞电影电视摄制实践中，有一种特殊的两人谈话场景的安排：两个人物坐在行驶的汽车离交谈。这一场景中存在着双轴线问题。一方面，两人谈话的交流构成沿平行座位伸展的关系轴线；另一方面，沿汽车行驶的方向产生方向轴线。这两条轴线形成交叉，就是说，当按照方向轴线形成的 180 度轴线范围设定机位时，正好违反了按照人物关系划定的 180 度轴线规则。

好莱坞在处理这一双轴线难题时，依靠的是约定俗称的方法或人物优先的原则，即以人物谈话关系形成的轴线作为主导轴线来设定机位。也就是说在这样的场景下，仍然把它当做一般的两人谈话场景来处理，只考虑它匹配的问题，而不在意由此产生的汽车方向不一致的问题。换句话说，在以人物为主(近景别)时，以关系轴线为准；在以运动为主(远景别)时，以方向轴线为准。双轴线中总是存在一条主导轴线，决定拍摄机位的安排。

第四节　三角形机位

在遵守轴线原则的前提下，我们只能在关系轴线某一侧的三角形顶点处设置机位，而不能越过轴线，到对面的三角形顶点处去设置。这样才能保证在所拍摄的画面中，两个被摄人物始终各自处于画面的固定端，便于观众对方向性的统一认识。如图 3-4-1 所示拍摄的画面中，三个机位拍摄的所有画面中，人物 A 始终处于画面的左侧，而人物 B 始终处于画面的右测。

在确定了这个原则以后，在机位的具体位置关系和摄像机镜头光轴方向的处理上，就会产生一些灵活的变化形式，三个机位位置上的拍摄，就将得到几种不同的画面情况和表达效果。首先我们可以确定的是由两人的正前方与两侧的三个顶端构成的三角形配置，由此构成最基本的三角形机位安排。(如图 3-4-1)

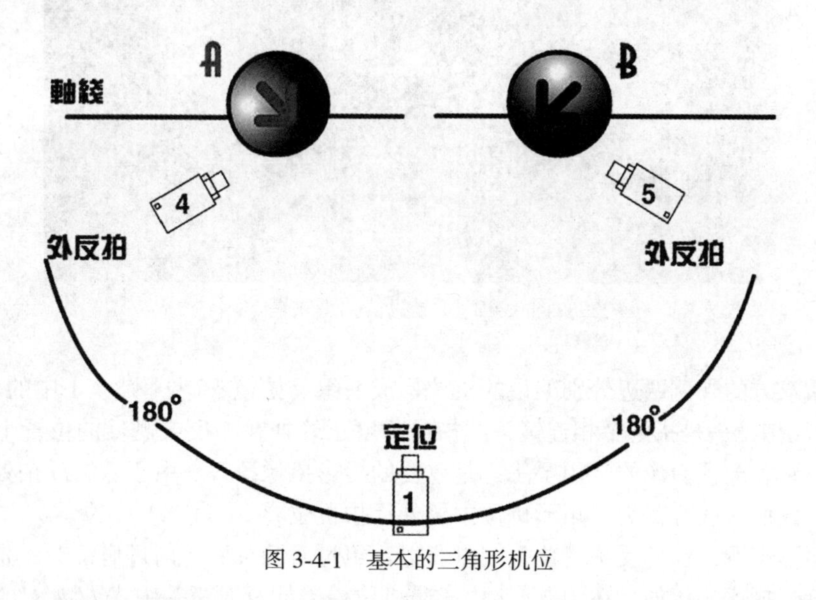

图 3-4-1　基本的三角形机位

三角形机位原理最典型的应用是在拍摄二人面对面交流的场景中。如前所述，场景中有两人出现的时候，连接他们两之间的那条直线就构成了这个场景中的关系轴线。按照轴线规则原理，我们通常在关系轴线的一侧设定机位，这些机位的连线又通常可以构成一个底边与关系轴线平行的等腰三角形，这就是镜头调度中的三角形原理，又可称作机位的三角形布局方法。

位于三角形底边上的两个机位分别处于被摄对象的背后，靠近关系轴线向内拍摄的时候，形成外反拍三角形布局。从外反拍三角形布局拍摄的画面来看，两个人物都出现在画面中，一正一背，一远一近，互为前景和背景，人物有明显的交流关系，画面有明显的透视效果。从戏剧效果上来讲，两个被摄人物一个面向镜头，也就是面向观众，另一个背向镜头，也就是背向观众，这样的格局有利于突出正面形象的人物，而利用机位和镜头的变化情况把前景人物的背影拍摄虚化的话，则更能够实现这一效果。

现在让我们来分析，在这一基本的三角形机位安排中，每个机位及其所拍摄镜头的特征是什么。以两人关系轴线为底边所构成的三角形顶端上是定位镜头的拍摄机位(见图3-4-1中的1号机位)。定位镜头处在两人的正前方，一般为将对话双方以及场景环境揽阔其中的全景或中景镜头。较远的景别可以涵盖整个场景，从而起到确定人物空间位置关系的作用。

图3-4-2　1号机位拍摄效果

在对话双方的外侧两边分别架设的机位构成一组反拍镜头(见图3-4-1中的4、5号机位)。所谓反拍镜头是指两个相连镜头的拍摄角度正好处在相反或侧反的位置上。反拍镜头是电影摄影和电视摄像的常用手法，是重要的摄影摄像语言。由于这组反拍处在对话双方的外侧，我们一般称其为三角形机位中的外反拍机位。

从画面形态看，在外反拍机位上刻意获得一组过肩镜头。所谓过肩镜头，是对这种镜头构图的直观描述。比如，在图3-4-1中4号机位拍摄的过肩镜头中，人物A的一侧肩部以上背影挂在前景上，人物B则以正面姿态处于画面背景上。5号机位拍摄的过肩镜头则正好相反。过肩镜头的构图安排形成人物之间的正面与背面(或正面与侧背面)的对比。如果把一个人的正面姿态设定为谈话状态，那么通过一组过肩镜头的交替剪接，则可以表现两人之间一问一答的谈话过程。

图 3-4-3　4、5 号机位拍摄效果

常规的或典型的两人谈话场景中摄像机机位的安排正是这种基本三角形的处理：从定位镜头开始，在较远的距离上从正面或正侧面确定两人的空间关系；再以一组交替切换的过肩镜头分别以较近的景别表现谈话者的正面形象和聆听者的背影；回到定位镜头结束。

在电视谈话节类节目尤其是主持人和嘉宾一对一的谈话节目拍摄中，过肩镜头是常用的镜头类型，能有效的表现主持人和嘉宾之间对话的关系和情景。当然，过肩镜头既是一种摄像的技术处理，也体现着有关电视画面的文化、政治理念。比如，在新闻访谈节目中让国家领导人和记者平分秋色地交替反拍出镜，让领导人以背影出现在画面里，在一定程度上，这本身就展现了一种政治民主，就打破了某种政治禁忌。以基本的三角形机位进行扩展就得到了扩展的三角形机位(如图 3-4-4)。

从图 3-4-4 来看，2 号机位和 3 号机位作为平行机位，6 号机位和 7 号机位作为内反拍机位，构成对基本三角形的扩展。

位于三角形底边上的两个机位镜头(图 3-4-4 中的 2、3 号机)的光轴分别与顶角机位(图 3-4-4 中的 1 号机)的光轴平行的时候，就形成了一个平行三角形布局。平行三角形布局拍摄的画面中，两个被摄对象的形象都是平齐的，面貌方向也是相同或相对的。如果我们在景别、构图方面加以注意控制的话，就可以得到两个被摄人物画面内容相近、画面结构相似的表现两个人物单人形貌的画面。这种布局常用于并列表现同等地位的不同对象，比如拍摄两个平等的人之间的对话等，客观上来讲对二者就公平看待，等量认同的心理感觉。

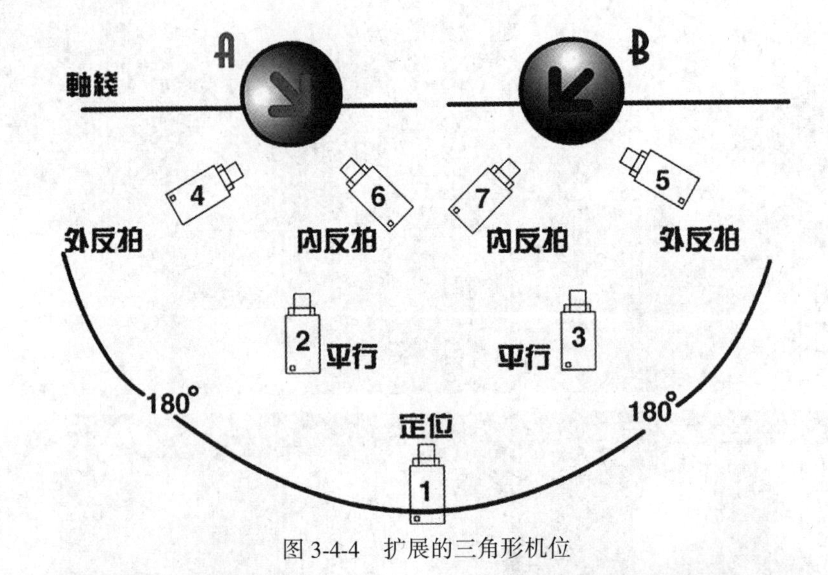

图 3-4-4　扩展的三角形机位

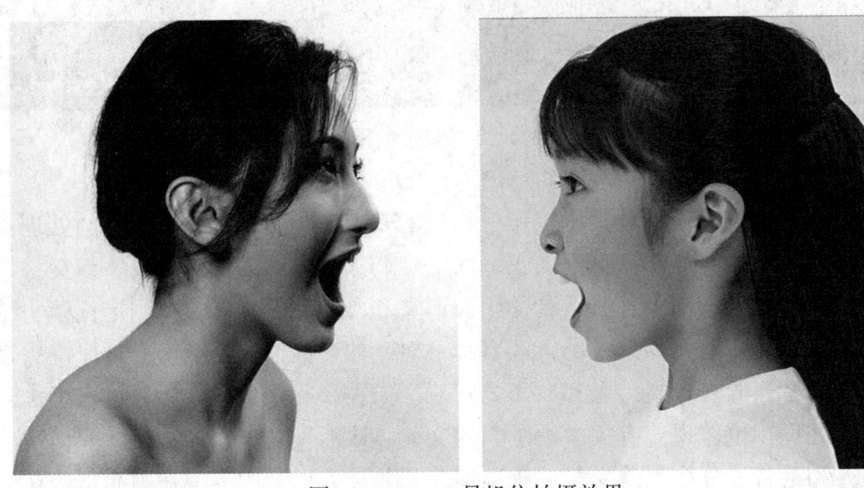

图 3-4-5　2、3 号机位拍摄效果

平行机位有两个含义。首先，它们和定位镜头的机位呈平行线排列，平行机位所获得的画面实际上等同于定位镜头的一个“割裂”，即双人画面分离为两个独立的单人镜头。和定位镜头相比，它们的拍摄角度没有变化，人物的姿态没有变化，但景别由中、全景变为近景或特写。其次 2 号和 3 号机位彼此是平行的，它们之间构成组接的平行关系。

位于三角形底边上的两个机位(图 3-4-4 中的 6、7 号机)分别处于两个被摄人物之间，靠近关系轴线向外拍时候，形成内反拍三角形布局，获得正面或近乎正面的近景或特写镜头。摄像机背靠背的安排，在一定程度上体现了人物各自的视点，内反拍机位的一个习惯用法是作为反应镜头来表现聆听者对说话人脸部的表情反应。从内反拍三角形布局拍摄的画面来看，两个人物分别出现在画面中，视线方向各自朝向画面的一侧。每个画面中只出现一个人物，能够起到突出的作用，引导观众视线，用以表现单人形态和对白等。而如果我们将内反拍三角形顶角机位设置在关系轴线上，也就是三角形底边与关系轴线平行的时候，两台摄像机相背设立，画面中的人物形象相当于另一个人物主观观察的视角(要注意，由于两个人物未必是正面相对，所以这时候画面内的人物也相应的未必是正面形象。)这就叫做主观拍摄角度，用在模拟片中人物的主观视觉感觉。

图 3-4-6 6、7 号机位拍摄效果

从图 3-4-4 看，定位镜头和平行机位之间(1、2、3 号机位)，构成一种三角形关系，可以产生“双人/单人 A/单人 B”这样的镜头组合来表现两人谈话场景。同样，定位镜头和内反拍机位之间(1、6、7 号机位)也构成两人谈话场景的新三角形关系。实际上，在这七个机位之间还存在着其他形式的“三角形”组合关系。根据不同的形式和内容需要，可以选择不同的三角组合关系来形成特定的机位安排。对两人谈话场景的拍摄也可以打破固定的三角形组合，在这七个机位之间作出自由的选择。由此，我们把包括了上述所有镜头的扩展机位称之为大三角机位安排。为了在一个场景中得到整个场景的视觉印象，我们无论是在进行前期拍摄还是进行后期编辑的时候，都需要从多个视点上来表达整个场景中的各个环节，并且进行合理有效的连接，才能够使观众对场景环境有全面的具体的和正确的印象。而同时，为了使场景中画面表达丰富多彩并且灵活多变，我们可以在机位调度的时候充分综合利用上述 7 个机位拍摄的画面，在编辑的时候合理进行组接，跳出“外反接外反、内反接内反”的固定组接模式，给观众以全方位多角度的变化多端且合理有效的视觉感受。

在实际拍摄时，并不是说一定要把摄像机实际地安置在某个机位上来获得相应的镜头，可以等效地从其他位置获得某个机位的镜头。因此有必要引入“同轴镜头”的概念。如果两个镜头拍摄方向相同而距离不同，这两个镜头具有共同的视轴，通过光学地或实际地推进或拉开摄像机可获得一组同轴镜头，来等效于某个特定机位。比如，在外反拍机位上推进拍摄一个单人同轴镜头，可等效于获得一个内反拍镜头。

在一定程度上可以说，掌握了大三角机位安排，便掌握了两人谈话场景的拍摄机法。但是这不等于说你能把一场景拍的有条不紊，或生动活泼。好莱坞的电影电视制作在处理两人谈话场景的拍摄时，有一些例行的方法值得借鉴。总体上说，既注重镜头组合的规范性，又灵活地根据剧情、内容、风格、式样等对机位做变化处理。在一般情况下，成对地规范使用反拍或平行机位，加上标准的构图安排，让一般观众感觉不到镜头切换和机位变化，而专注于内容和剧情的发展。而在一些特殊的场景和风格化的影片节目中，则使用种种变化方式来进行机位安排。常见的变化大致有以下几种。

一是人物身体位置姿态的变化处理。一般情况下，两人谈话时双双坐着或站着进行的。在处理较长的谈话场景时，为了不使画面过于单调乏味，可以考虑让谈话者改变姿态，比如，一人站立一人坐着，使两个反打镜头之间的高度形成差异，造成俯仰的变化。再如，让人物走动，改变他们在场景中的谈话位置，通过重新定位获得一组新的三角机位，使画面的环境背景产生变化。

二是在画面构图上做文章。一般情况下，定位镜头中谈话双方的比例是均衡的，过肩镜头中处在前景中人物背影占画面空间的三分之一，说话人的正面则占三分之二。为了突出、强调或贬低、压制某个谈话人，可以改变画面的均衡和空间比例。比如，对过肩镜头的变化处理往往通过改变前景人物挂肩背影的比例来实现。占据了五分之四画面空间的硕大背影和五分之一画面空间的说话人脸孔之间的比较，毫无疑问地暗示了说话人的渺小、无力和不幸。

三是戏剧化地改变拍摄角度，夸大环境或道具的画面表现。比如在电影《骇客帝国》里，为了强调谈话气氛的紧张程度和谈话地点危机四伏的感觉，在外反拍镜头里特别夸大前景中椅背的阴影，显现出环境的怪异和情绪的不安。

电视连续剧《风声鹤唳》里有一个场景：三个主要剧中人物博雅、陶凯男和彭先生在博雅的屋中交谈。对这一场景的摄像安排体现了典型的三角形机位的变化。该段落从博雅和彭先生相对入座的全景定位镜头开始，背景深处是房间的入口。接着交替出现博雅和彭先生两人的内反拍和外反拍镜头。回到定位全景，陶凯男进入，成为三人镜头。站立的陶凯男与彭先生交谈，彭也站立，博雅出画面。交替出现站立的陶和彭的内反拍和外反拍镜头。博雅站立入画面，回到三人定位镜头。博雅和陶凯男为一方，彭先生为另一方，形成新的内反拍和外反拍切换。回到定位画面，陶凯男走出房间。重新开始博雅和彭先生两人谈话场景的处理。

第四章 影视构图

第一节 景别概述

景别是指由于摄影机与被摄体的距离不同，而造成被摄体在电影画面中所呈现出的范围大小的区别。景别的划分，一般可分为五种，由近至远分别为特写(人体肩部以上)、近景(人体胸部以上)、中景(人体膝部以上)、全景(人体的全部和周围背景)、远景(被摄体所处环境)(如图 4-1-1)。景别越大，环境因素越多。景别越小，强调因素越多。在电影中，导演和摄影师利用复杂多变的场面调度和镜头调度，交替地使用各种不同的景别，可以使影片剧情的叙述、人物思想感情的表达、人物关系的处理更具有表现力，从而增强影片的艺术感染力。

图 4-1-1 景别图例

景别就是摄影机在距被摄对象的不同距离或用变焦镜头摄成的不同范围的画面。电影为了适应人们在观察某种事物或现象时心理上、视觉上的需要，可以随时改变镜头的不同景别，犹如我们在实际生活中，常常根据当时心理需要或趋身近看，或翘首远望，或浏览整个场面，或凝视事物主体乃至某个局部。这样，映现于银幕的画面形象，就会发生或大或小的变化。景别的确定是摄影者创作构思的重要组成部分，景别运用是否恰当，取决于作者的主题思想是否明确，思路是否清晰，以及对景物各部分的表现力的理解是否深刻。比如，拍摄芭蕾舞演员的舞姿，若不远不近恰恰去掉舞蹈者的足尖；拍精心检验产品，而手却不在画面之内；需要强调神情又远得看不清面目；需要强调气氛的没有给予舒展的空间等，都是思路不清的毛病。至于有些人事先不构思好景别的运用，往往先拍下来再说，需要中景、特写靠放大后再剪裁，这就是不了解拍摄距离对画面形象的质量和表现力的影响。要保证完美的画面质量，景别的确定要尽可能在拍摄时一次完成。

在电影中有一个非常明显的现象：镜头越接近被摄主体，场景越窄，而越远离被摄主体，场景越宽。取景的距离直接影响电影画面的容量。摄入画面景框内的主体形象，无论人物，动物或景物，都可统称为“景”。画面的景别，取决于摄影机与被摄物体之间的距离和所用镜头焦距的长短两个因素。不同景别的画面在人的生理和心理情感中都会产生不同的投影，不同的感受。

景别越大，环境因素越多。景别越小，强调因素越多。

摄影机和对象之间的距离越远，我们观看时，就越冷静；也就是说，我们在空间上隔得越远，在情感上参与的程度就越小，这是一个有趣的现象。较远的镜头本身有一种使场面客观化的作用，这首先是因为远景镜头中的空间关系是清晰明确。远景镜头可以拍下很大的范围，但是加大距离会使我们看不清楚细节，从而使形象抽象化，使观众只能了解较少的东西。大部分远景镜头所摄下的范围同人眼处在摄影机位置时所看到的范围比起来要小得多，即使放映在最大的银幕上，从很远距离拍摄的镜头也只能显示很少的东西。远景镜头可能向我们提供它所描绘出的特殊信息，这种信息本身在主观上可能是使人兴奋的；但是，它的视觉形象却表现为传给我们感官的客观信息，由于远景镜头包含的细节多于近景镜头，因此它对我们的感官提出更多的要求，这就会使我们在感情上对自己正在看的场面采取超然态度。

较近的镜头一般能比较远的镜头使我们在感情上更加接近人物。这是因为可以突出环境中的一个小部分，它挑出这个部分不仅是为了强调与之有关的某种东西，而且还为了有意忽视其余部分。由于这样的镜头没有挤进来的无关的东西，因此视觉的观察比较简单，我们对于出现在眼前的实际形象可以立即作出客观的解释，这就为我们留下了更多的余地，使我们可以在情感上作出反映。

景别的选择应当和影片实际相结合，服从每部影片的艺术表现要求，要努力把风格同内容结合起来，使每个镜头都能够统一在完整的叙述中。

第二节 景别分类

一、远景

远景又叫做大全景，一般用来表现远离摄影机的环境全貌，展示人物及其周围广阔的空间环境，自然景色和群众活动大场面的镜头画面。它相当于从较远的距离观看景物和人物，视野宽广，能包容广大的空间，人物较小，背景占主要地位，画面给人以整体感，细部却不甚清晰(见图 4-2-1)。

图 4-2-1　远景

远景通常用于介绍环境，抒发情感。在拍摄外景时常常使用这样的镜头可以有效的描绘雄伟的峡谷、豪华的庄园、荒野的丛林，也可以描绘现代化的工业区或阴沉的贫民区。

电影诞生以来，卢米埃尔就发现并运用远景画面善于表现大的物象的特点。《工厂的大门》与《火车进站》所表现的就是众多工人上工和火车到站时站台上熙熙攘攘的景象。格利菲斯 1916 年导演的《党同伐异》，制作了最雄伟的巴比伦宫殿布景，纵身达 1600 米，仅拍摄“巴尔泰萨尔盛宴”一个场面，就动用了 4000 多名群众演员，摄影师坐在热气球上拍摄。也只有运用大全景，才能摄入如此浩大的场面。

随着宽银幕的出现，大全景越来越成为电影营造视觉奇观的手段。一些气势恢弘的大场面出现在很多影片中。

二、全景

全景用来表现场景的全貌或人物的全身动作，在电视剧中用于表现人物之间、人与环境之间的关系。全景画面，主要表现人物全身，活动范围较大，体型、衣着打扮、身份交代的比较清楚，环境、道具看的明白，通常在拍内景时，作为摄像的总角度的景别。在电视剧、电视专题、电视新闻中全景镜头不可缺少，大多数节目的开端、结尾部分都用全景或远景。远景、全景又称交代镜头。因此，全景画面比远景更能够全面阐释人物与环境之间的密切关系，可以通过特定环境来表现特定人物，这在各类影视片中被广泛地应用。而对比远景画面，全景更能够展示出人物的行为动作，表情相貌，也可以从某种程度上来表现人物的内心活动(见图 4-2-2)。

图 4-2-2 全景

全景画面中包含整个人物形貌，既不像远景那样由于细节过小而不能很好地进行观察，又不会像中近景画面那样不能展示人物全身的形态动作。在叙事、抒情和阐述人物与环境的关系的功能上，起到了独特的作用。

三、中景

画框下边卡在膝盖左右部位或场景局部的画面成为中景画面。

但一般不正好卡在膝盖部位，因为卡在关节部位是摄像构图中所忌讳的。比如脖子、腰关节、腿关节、脚关节等。中景和全景相比，包容景物的范围有所缩小，环境处于次要地位，重点在于表现人物的上身动作。中景画面为叙事性的景别。因此中景在影视作品中占的比重较大。处理中景画面要注意避免直线条式的死板构图、拍摄角度、演员调度，姿势要讲究，避免构图单一死板。人物中景要注意掌握分寸，不能卡在腿关节部位，但没有死框框，可根据内容、构图灵活掌握。

中景是叙事功能最强的一种景别。在包含对话、动作和情绪交流的场景中，利用中景景别可以最有利最兼顾地表现人物之间、人物与周围环境之间的关系。中景的特点决定了它可以更好地表现人物的身份、动作以及动作的目的。表现多人时，可以清晰地表现人物之间的相互关系(见图 4-2-3)。

图 4-2-3　中景

四、近景

拍到人物胸部以上，或物体的局部成为近景。近景的屏幕形象是近距离观察人物的体现，所以近景能清楚地看清人物细微动作。也是人物之间进行感情交流的景别。近景着重表现人物的面部表情，传达人物的内心世界。是刻画人物性格最有力的景别。电视节目中节目主持人与观众进行情绪交流也多用近景。这种景别适应于电视屏幕小的特点，在电视摄像中用得较多，因此有人说电视是近景和特写的艺术。近景产生的接近感，往往给观众以较深刻的印象(见图 4-2-4)。

图 4-2-4　近景

由于近景人物面部看的十分清楚，人物面部缺陷在近景中得到突出表现，在造型上要求细致，无论是化装、服装、道具都要十分逼真和生活化，不能被看出破绽。

近景中的环境退于次要地位，画面构图应尽量简炼，避免杂乱的背景夺视线，因此常用长焦镜头拍摄，利用景深小的特点虚化背景。人物近景画面用人物局部背影或道具做前景可增加画面的深度、层次和线条结构。近景人物一般只有一人做画面主体，其他人物往往做为陪体或前景处理。“结婚照”式的双主体画面，在电视剧、电影中是很少见的。

由于近景画面视觉范围较小，观察距离相对更近，人物和景物的尺寸足够大，细节比较清晰，所以非常有利于表现人物的面部或者其他部位的表情神态，细微动作以及景物的局部状态，这些是大景别画面所不具备的功能。尤其是相对于电影画面来讲，电视画面的尺寸狭小，很多在电影画面中大景别能够表现出来的比如深远辽阔、气势宏大的场面，在电视画面中不能够得到充分的表现，所以在各类电视节目中近景使用较多，观众对近景画面的观察更为细致，这样有利于在较小的电视屏幕上做到对观众更好的表达。

在创作中，我们又经常把介于中景和近景之间的表现人物的画面称为“中近景”。就是画面为表现人物大约腰部以上的部分的镜头，所以有的时候又把它称为“半身镜头”。这种景别不是常规意义上的中景和近景，在一般情况下，处理这样的景别时候，是以中景作为依据，还要充分考虑对人物神态的表现。正是由于它能够兼顾中景的叙事和近景的表现功能，所以在各类电视节目的制作中，这样的景别越来越多地被采用。

五、特写

画面的下边框在成人肩部以上的头像，或其他被摄对象的局部称为特写镜头。特写镜头被摄对象充满画面，比近景更加接近观众。特写镜头提示信息，营造悬念，能细微地表现人物面部表情，刻画人物，表现复杂的人物关系，它具有生活中不常见的特殊的视觉感受。主要用来描绘人物的内心活动，背景处于次要地位，甚至消失。演员通过面部把内心活动传给观众，特写镜头无论是人物或其他对象均能给观众以强烈的印象。在故事片、电视剧中，道具的特写往往蕴含着重要的戏剧因素。在一个蒙太奇段落和句子中，有强调加重的含义。比如拍老师讲课的中景，讲桌上的一杯水，如拍个特写，就意味着可能不是普通的水。正因为特写镜头具有强烈的视觉感受，因此特写镜头不能滥用。要用的恰到好处，用得精，才能起到画龙点睛的作用。滥用会使人厌烦，反而会削弱它的表现力。尤其是脸部大特写(只含五官)应该慎用。电视新闻摄像没有刻画人物的任务，一般不用人物的大特写。在电视新闻中有的摄像经常从脸部特写拉出，或者是从一枚奖章、一朵鲜花、一盏灯具拉出，用得精可起强调作用，用的太多也会导致观众的视觉错乱。

由于特写画面视角最小，视距最近，画面细节最突出，所以能够最好地表现对象的线条、质感、色彩等特征。特写画面把物体的局部放大开来，并且在画面中呈现这个单一的物体形态，所以使观众不得不把视觉集中，近距离仔细观察接受，有利于细致地对景物进行表现，也更易于被观众重视和接受。

尽管无论人物还是景物都是存在于环境之中的，但是在特写画面里，可以说我们几乎可以忽略环境因素的存在。由于特写画面视角小、景深小、景物成像尺寸大，细节突出，所以观众的视觉已经完全被画面的主体占据，这时候环境完全处于次要的，可以忽略的地位。所以观众不易观察出特写画面中对象所处的环境，因而我们可以利用这样的画面来转化场景和时空，避免不同场景直接连接在一起时产生的突兀感(见图 4-2-5)。

图 4-2-5 特写

六、大特写

大特写仅仅在景框中包含人物面部的局部，或突出某一拍摄对象的局部。一个人的头部充满银幕的镜头就被成为特写镜头，如果把摄影机推的更近，让演员的眼睛就充满银幕的镜头就成为大特写镜头。大特写的作用和特写镜头是相同的，只不过在艺术效果上更加强烈。在一些惊悚片中比较常见。

第三节 景别运用

一、内容表现

景别作为单个画面来讲，仅仅表达一种视觉形式，而它们一旦排列起来，又和内容相结合，必然会对戏剧内容和叙事重点的表现与表达起到至关重要的作用。

从视觉语言及镜头规律分析，叙事内容越重要，越应该在画面的景别上采用中景、近景等系列景别；反之，则采用远景、全景系列景别。当然，这是在导演与摄影创作中，针对人物作为被摄主体而言常规处理镜头的方法，其出发点主要是为人物动作而设计使用的景别。导演在宏观设计影片及结构视觉时就要考虑叙事重点和戏剧内容上的需要，在视觉表达形成——景别上体现出来。

现代电影语言中，景别作为环境造型元素越来越被人们所重视，这就形成了叙事镜头观念的转变，戏剧内容、叙事重点、环境造型都成为视觉语言诉求的主要重点。这样使得全景系列景别在视觉上有较大的兼容性。

摄影师同样要从导演的总体要求出发，在完成不同景别画面时，根据叙事重点与戏剧内容的具体要求，在画面构图上使视觉造型得以突出。

当然，现代电影创作中的艺术倾向追求，导演风格的强烈体现，有的也会采用一种反向处理的方法。在叙事上，戏剧内容处理越重要、越应强调时，反而不用近景系列景别，而用全景系列来处理。这种风格化的处理在创作中是存在的，也是允许的，如果处理恰当，会产生更好的艺术效果。

二、组接变化

电视画面是通过分切镜头组接叙事的，在镜头组接的时候，不同的景别的镜头的组接方法对视觉形象的表现和叙事结果的表达都有重要的意义。

景别组接变化的形式，有以下两种类型：逐步式组接和跳跃式组接。

逐步式组接这种景别变化方式是递进形式的，基本分为两种类型。远离式：由近及远——特写、近景、中景、全景、远景。接近式：由远及近——远景、全景、中景、近景、特写。这种排列组合变化方式是一种比较有规律的处理方式，或者是多数处理方式．它是以人眼通常观察事物的视觉习惯作为依据的。我们又可以把前者称做“后退式句子”，而后者称做“前进式句子”。但它并不说明在进行任何镜头的组接时候都要构成这种关系，而只表明一种基本镜头景别的变化方式或风格。

跳跃式组接这种景别的变化方式是跳跃式的，它可以是由远景直接接中景再接特写、远景直接接近景或者特写的跳跃，也可以是由特写接中景再接远景、特写或者近景直接接远景的跳跃，也可以是别的并非相邻的景别接续形成的。这种跳跃式的方式在艺术创作中运用较多，也正是由于景别跳跃式的方式符合空间关系和心理关系，因而更具有视觉变化特征。同时，景别的这种变化受多方面因素的影响，很难在创作上有统一的划分或有规律可循。

景别的跳跃式方法组接镜头的时候，不同幅度的景别跳跃变化将对会对片子节奏、视觉效果产生影响，同时这种跳跃的幅度变化的大小，也决定了片子的整体风格、导演风格、对环境和空间的表现以及叙事风格。同时这样的景别表现可以生动镜头组接的视觉效果和视觉悬念，不至于像逐步式组接一样让观众能够预先感知下面的镜头将是什么样的形式。

一般情况下，不能把既不改变景别又不改变角度的同一对象的画面(三同镜头)组接在一起，否则会产生视觉跳动。组接同一被摄对象的画面时候，通常在景别上要至少保证一个变化幅度(如近景到中景、或者中景到远景)，或者拍摄角度变化 15 度以上，才能避免这种视觉上的跳动。如果在素材当中没有合适的镜头进行组接的话，可以在后期中使用一些淡入淡出效果，或者在这样的镜头中间增加白场等方法来组接。

如影片《垂廉听政》中，导演为了强调宫庭的宏伟规模拍了许多壮观的全景和远景，而且常常略去中景直接跳接特写造成强烈的对比效果。

三、画面长度

电视画面中某个景别的镜头在片中出现的时间长短，就单纯视觉、单纯创作而言，它的长度是任意的。它完全依赖于导演的叙事要求、语言要求、视觉排列和创作风格的要求。但是观众在观察画面的时候对于不同时间长度的镜头和对于不同画面容量的镜头(即不同景别的镜头)，所表现出的接受能力和视觉兴趣是不同的，因此，在进行镜头组接的时候，必须考虑什么样景别的镜头在画面中出现多长的时候才是最合适的，最能够抓住观众视觉心理的。

首先，分析一下观众对不同时间长度的画面在视觉上的感受。0.4 秒的镜头时间长度，电影为 9.6 格，电视为 10 帧，视觉上会产生印象。当你在两个较为相关的镜头中接 0.4 秒的一段镜头时，无论什么景别画面，都会作用于观众视觉，产生视觉效果。但由于时间关系，它对主体形象、构图方法等都不会产生实质印象。0.7 秒的镜头时间长度，电影为 16.8 格，电视为 17.5 帧，视觉上会产生形象。当你在两个镜头中接入一个 0.7 秒的一段镜头时，无论什么景别画面，都会产生较为清晰的视觉效果，加之受被摄主体的造型关系、构图方法等因素的影响，会在视觉上产生形象感。

0.5 秒的镜头时间长度，电影为 12 格，电视为 12.5 帧，是影视作品创作中应用最多、时间最短的镜头画面。正是由于 0.5 秒界于 0.4 与 0.7 秒两者之间，界于"有印象"与"有形象"的视觉效果之间，所以，才显得更具有实际意义和视觉意义。在 3~5 秒钟的镜头画面之后，观众的视觉兴趣开始下降。从人的视觉生理分析，除了画面内容与画面形式以外的吸引，无论什么景别的画面效果，3~5 秒钟以后，人们的视觉注意力都会逐步下降。如果这一类镜头想继续延长使用，导演和摄影就要加强构图的视觉性，表演的丰富性，声音的辅助性，动作的可看性。摄影机运动的变化，以延续和保持这种视觉兴趣。

四、作用

不同的景别可以引起观众不同的心理反应，造成不同的节奏。全景出气氛，特写出情绪，中景是表现人物交流特别好的景别，近景是侧重于揭示人物内心世界的景别。由远到近的组合形式，和画面越来越高涨的情节发展相辅相成，适用于表现愈益高涨的情绪；由近到远的组合形式，适于表现愈益宁静、深远或低沉的情绪，并可把观众的视线由细部引向整体。

1. 景别的变化带来的是视点的变化，它能通过摄像造型达到满足观众从不同视距、不同视角全面观看被摄体的心理要求。

观众在看电视时与电视机屏幕的距离是相对稳定不变的，画面景别的变化使画面形象时而呈现全貌，时而展示细部；时而居远渺小如点，时而临近占满画框；从视感知上使观众或远或近地观看一个物体成为可能。

2. 景别的变化是实现造型意图、形成节奏变化的因素之一。

在电视画面的造型表现和画面镜头中，不同景别体现出不同的造型意图，不同景别之间的组接则形成了视觉节奏的变化。观众不仅在画面时空和视距的变化中感受到了摄像者的画面思维，而且也以景别跳度、视点跳度的大小、缓急中具体地感受到整个电视片或电视节目的节奏变化。比如远景画面接大全景画面，再接全景画面，节奏抒情、舒缓；两极景别的镜头组接如全景接特写，节奏跳跃、急切。

3. 景别的变化使画面具有更加明确的指向性。

不同景别的画面包括不同的表现时空和内容，实际上是摄制人员在不断地规范和限制着被摄主体的被认识范围，决定了观众视觉接受画面信息的取舍藏露，由此引导观众去注意和观看被摄主体的不同方面，使画面对事物的表现和叙述有了层次、重点和顺序。对画面景别的调度，实质上是对观众所能看到的画面表现时空的调度。运用不同景别有效地支配观众的视听注意力并赋予被摄主体以恰如其分的表现意义是电视编摄人员的重要创造活动。

五、意义

(一)景别是视觉语言的一种基本表达形式

根据对人的视觉心理的考察，当我们在屏幕上看到任何一个画面时候，在最初的第一时间内视觉所发生的第一反应，就是认同、感受到画面的景别形式，也就是先辨别出这幅画面是一个什么样景别的画面，其次才会从这种画面形式范围进入到画面内在的如画面内容、构成结构、造型元素等的观察、接受、感知和理解分析。

(二)景别是画面空间的表达形式

作为电视画面最根本的任务之一就是要在二维平面上表现三维空间，而景别就是一种对画面空间表达的描绘与再现。从一个景别所包含的画面内容和多个景别交替变化排列中我们都可以看到相应的画面空间，想象现实空间形式，产生空间感觉，在头脑里形成一个三维的视觉概念，进而对视觉心理产生相应的影响。比如当观众观察到屏幕上的远景全景系列画面的时候，可以体会到画面空间的宽广和包容，这样视觉感受上的遥远感觉在他们心理上就会产生距离感、旁观感、非参与性；而当看到的屏幕形象是近景特写系列画面的时候，又会感受到画面空间的狭小性和非具体性，这样视觉感受上的接近感觉在他们心理上就会产生亲近感、渗透感、参与性。

(三)景别是导演和摄像师对观众视觉心理的限定

在观众观看舞台剧或者其他现场节目，或者现场节目的参与的时候，观众视觉选择是自主的，在他们眼里是没有“景别”这个概念的。他们可以自由选择试图观察的对象，不受任何局限。但是在电视画面中不是这样的。导演和摄像师通过不同景别的画面的接续进行叙事和抒情，呈现给观众的电视画面次序是确定的，景别是由创作人员设计安排和选择的，是不受观众控制和主观意愿约束的，他们没有选择的权利。因此，景别是创作者主观意识的体现，它由创作者施加，限定了观众的视觉注意力和视觉心理。

(四)景别是画面造型的重要手段，是形成画面节奏变化的方式

观众在观看一组电视画面时，可以很直观地感受到画面所要表达的情感，或者温婉抒情，或者急切紧张，或者朴实大方……这些在很大程度上都是创作者通过景别的变化加以表现的。单个画面根据作品的需要选择相应的景别来表达拍摄者的思想，或者大远景，或者是特写，从而表达出不同的创作意图。而当一组连续的画面相互衔接时，表达的内容则更加丰富多彩，创作者可以通过景别的变化实现画面节奏的变化，引导观众紧紧跟随创作者的思维，使拍摄内容更具吸引力。这些变化也给拍摄者提供了更大的创作空间。要拍摄一个好的作品，在景别的处理上更要仔细推敲。

第四节　画面诸元素及其处理

一、主体

主体是影视画面的主要表现对象，是主体思想的重要体现者，它在画面中起主导作用，是控制画面全局的焦点，是画面存在的基本条件，是吸引拍摄者进行艺术创作的主要因素。一般情况下，在一幅画面中只能有一个主要事物是主体(见图 4-4-1)。

图 4-4-1　主体

在画面中，主体主要有两个作用：一是表达内容，主体是表达内容的中心，如果没有主体就谈不上主题思想的表现，画面就没有明确的意义，观众就无法了解创作者的意图；二是结构画面，主体是结构画面的中心和依据，具有集中观赏者视线的作用，画面当中所有的元素都要围绕主体来组织。

由于主体在画面中是最重要的，主体最集中地体现着画面的内容和主题，所以处理主题的原则就是使其鲜明突出，使它能够吸引观众的注意力，这是摄影构图的一个出发点和根本点。只有主体突出，观众的视线才回抓住作者想要表现的主要对象，观众的思维才能与作者的思维相一致，观众才能很好地理解作者的创作意图，否则会产生歧义和误解。

一般情况下，有三个因素影响到主体在画面中的突出程度，它们分别是主体的自身条件、主体在画面中的位置、主体在画面中的面积。

主体的自身条件一般可以分为内容和形式两个方面。内容方面，由于长期的生活积累和实践经验，当人们为表现某个主题曲观察处于某个情节中的对象时，某些事物会在人们的意识中显得更为重要，更易突出，如大型集会中的领导人，三军仪仗队中的护旗手、空旷山野中的一座塔等。形式方面，主要是被摄对象自身的外部形态，主要包括被摄对象的形状、轮廓、明暗、色彩状况。外部形态最重要的是轮廓形式是否清晰，如果清晰则比较容易突出；明暗及色彩主要取决于物体与自身背景的配合，如果有对比就容易突出，否则就容易混淆。

主体在画面中的位置是指把同样的事物放在画面的不同位置，其突出程度是不一样的。人们往往认为画面的中心位置部分是最容易突出主体的部分，所以许多人在拍摄画面时往往把主体放在画面的中心。然而，前人的经验却告诉我们，画面的中心位置虽然均衡稳定，但也容易引起人们的视觉疲劳，缺少生气和变化。所以一般情况下，我们并不总把主体放在画面的中心位置。那么，究竟应该把主体放在什么位置呢？

理论上说，主体可以在画面的任何位置，这主要视主题思想、创作意图、画面繁简的不同而定。但是，在长期的实践当中，人们总结出了几种可供借鉴的构图样式，按这几种样式去处理，就可以使主体处在画面中比较引人注意的位置。

(一)黄金分割构图法(又称“三分构图法”)

即用垂直线把画面分成三等份，把主体放在垂直线或接近垂直线的位置上，比较容易突出主体。按照一般的构图方法，主体不宜安排在画面的正中心，也不宜安排得太靠边缘，在这一点上，中西方绘画有共同之处。在各种造型艺术中，“黄金分割”是一个基本的创作规律，建筑、雕塑、绘画都是如此。黄金分割是最基本的构图方法，也是最基础的形式法则，许多构图样式都是由“黄金分割构图法”变化而来。我国传统绘画中的“井字构图法”又称“九宫构图法”，是在画面中两条纵向分割线的基础上增加两条横向的分割线，这样画面中出现四条线和四个相交的点，这些线是黄金分割线，这些点是黄金分割点，把被摄对象放在黄金分割线上或者黄金分割点上，比较容易使其醒目突出。这种构图方法和“黄金分割构图法”殊途同归，非常相似。这两种构图法在传统的画意风格的影视画面中运用较多，画面往往显得均衡、稳定、和谐。

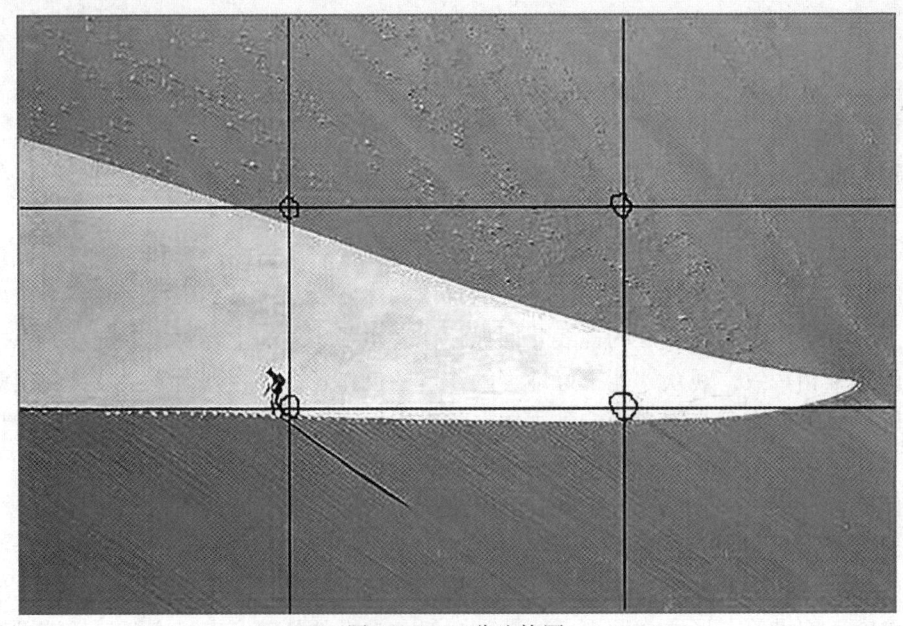

图 4-4-2 三分法构图

(二)三角形构图法

三角形构图以三个视觉中心为景物的主要位置，有时是以三点成面几何构成来安排景物，形成一个稳定的三角形。这种三角形可以是正三角也可以是斜三角或倒三角，其中斜三角较为常用，也较为灵活。三角形构图具有安定、均衡但不失灵活的特点。三角形构图，在画面中所表达的主体放在三角形中或影像本身形成三角形的态势，此构图是视觉感应方式，如有形态形成的也有阴影形成的三角形态，如果是自然形成的线形结构，这时可以把主体安排在三角形斜边中心位置上，以图有所突破。但只有在全景时使用，效果最好。三角形构图，产生稳定感，倒置则不稳定，突出紧张感。可用于不同景别如近景人物、特写等。

三角形构图也是一种常见的构图样式，在这种构图样式中，如果三角形是正放的，会引起稳固、安定、静默、稳重的感觉。如果三角形是倒放的，则正相反，将有不稳定、不安定的感觉。而三角形如果斜放，则可以引起冲击、突破、前进等动感。不规则的三角形，尤其是这样(见图 4-4-3)。

图 4-4-3 三角形构图

(三)S 形构图法

这种构图活泼、轻快，能够体现出韵律感，有利于表现线条向画面深处的延伸。这种S形曲线是对立统一规律的一种体现，也是一种一波三折的方法。当拍摄那些本身具有S形特征的对象时，如长城、小河、小路等，往往采用这种构图样式。一般情况下，采用这种构图方式，往往会结合俯拍角度，因为只有俯拍角度才能够在画面中展现出线条由近及远的延伸变化。此外，在画面中，S形线条的发端往往从画面的一个下角延伸向远方，如果线条的发端出自画框的边线或底线中央，那么观众会觉得线条有一种断掉的、不连续的感觉(见图 4-4-4)。

(四)对角线构图法

这种构图强调将主体放在画面的对角线上或者接近画面对角线的位置上，它可以充分利用画面对角线的长度充分利用画面的容量。对角线构图可以在画面中产生明确的线条透视有利于表现空间感和立体感；可以使画面显得均衡和稳定；可以有重点地交代相互联系的事物之间的关系，形成事物之间的主次、强弱之分(见图4-4-5)。

图4-4-4　S形构图

图4-4-5　对角线构图

(五)对称式构图法

即以画面中水平中轴线或垂直中轴线为轴，把主体安排在轴线上或其两边对称的位置上，它往往显得均衡、稳定、和谐、庄严。我国传统上很喜欢对称，许多建筑、雕塑、绘画等作品都是采用了对称式的结构方法。

对称式构图法也有不足之处，就是绝对的对等，显得呆板、压抑、静止，缺少变化。

对称的景物司空见惯，给人的视觉刺激不强烈。并且这种构图因为多用正面的拍摄方向，拍摄对称景物的正面，才可达到对称效果，所以只能看到被摄体的高度和宽度，空间深度不明显，立体感不强。这些都是选用对称式构图时应注意到的问题。打破对称的方法有多种，如不把主体放在画面的中心位置，而是放在画面的一侧；不从事物的正面拍摄，而是选用斜侧面角度拍摄；不用正面光线，而是选用侧光、斜侧光拍摄等。

在影视作品中，张艺谋导演的《大红灯笼高高挂》就采用了许多对称式构图的形式，将对称式构图的特点发挥得淋漓尽致。一方面利用这种对称的格局表现剧中封建大家庭和封建礼教讲究中规中矩，另一方面，这种风格化的构图也增强了影片的沉闷、压抑感，很好地体现出那些生活于其中的女人们的悲惨命运。在这部电影中，摄影师除了大量运用对称式构图外，还大量运用固定画面，增强沉重、压抑的气氛。在色彩处理方面，该剧的处理也比较得当，大红的灯笼、冷色调的夜景都给观众留下了深刻印象，也有效地营造了该片的悲剧气氛。在剧中，对掌控几位太太及全家人生杀大权的老爷的拍摄也是别具匠心，在整部影片当中，自始至终没有拍摄其正面近景或特写，也就是说，自始至终都没有给出一个具体的老爷的形象。

对称的样式多种多样，第一种常见的样式是拍摄左右对称物体，物体的对称轴线和画面的中轴重合，这是人们最常见最习惯的对称样式。在张艺谋导演的电影《英雄》中，大量运用了对称式构图。如无名与秦王在秦王宫殿上对谈的绝大多数画面都采用对称式构图，以体现秦王的威仪和两人对话的正式。

图 4-4-6　《故宫》中的对称式构图

2005 年中央电视台播出的大型纪录片《故宫》，展现了故宫的历史变迁、国宝文物及其背后的故事。由于故宫的建筑风格是对称式，因此在拍摄故宫场景及一些搬演场景时，大量采用了对称式构图的方法。《故宫》共制作完成了 12 集，美国探索频道 (Discovery

Channel）购买了中方拍摄的素材，在此基础上，剪辑制作了3集电视纪录片《解密紫禁城》（Inside the Forbidden City），由著名演员陈冲英文配音，其中保留了大量故宫场景镜头，有很多都是对称式构图的画面（见图4-4-6）。

以画面的中轴线为轴，画面左侧和右侧各有一个或几个物体，左侧和右侧的物体完全相同，这是对称式构图的第二种常见样式。

以画面的中轴线为轴，画面左侧和右侧各有一个或几个物体，左侧和右侧的物体外形上不完全相同，而是在内涵和所传达的意义上具有某种相似性或者相对性，观众可以通过其内在联系将其对等，这种形式被人们认为是宽泛的对称，是对称式构图的第三种常见样式。

以画面的水平中轴线为轴，画面的上部和下部对称，是对称式构图的另一种样式，这种构图样式常常用来拍摄水中倒影、镜面影像等。

从以上几种构图样式我们可以看出，采用何种构图样式，要根据被摄事物的骨架线条结构来确定。这些常见的构图样式是人们长期实践积累的经验，各有一定的适用题材、形式范围。

此外，构图的确定还要根据拍摄者的主观创作意图。艺术创作讲求“法有法，法无定法”，这些构图样式也不是不可打破的绝对真理，构图最终是为了表现主题思想，一切形式都是为内容服务，有时为了创作意图的需要，应该而且必须打破这些常规的构图样式。

主体在画面中的面积是影响主体突出程度的第三个因素，根据主体在画面中面积的大小，一般有两种处理主体的方法。一种叫做直接处理主体，即主体在画面中占的面积比较大，因而比较突出，这是一种偏重于写实的方法。它可以通过近距离拍摄或用长焦距镜头将被摄主体拉近放大的方法来实现。另一种叫做间接处理主体，即主体在画面中占的面积并不大，但是通过一定的摄影手段仍然可以使它很突出。间接突出主体使画面显得含蓄、意境深远，给人留下的联想、思考的空间较大，是一种偏重于写意的方法。

直接处理主体相对来说比较简单，在实际拍摄中，我们采用近距离拍摄或者采用长焦距镜头拍摄，就可以在画面中获得较大的主体面积。间接突出主体相对来说比较讲究摄影技巧，由于被摄主体成像面积较小，要想使其突出，必须要运用一些摄影手段和方法，这里我们重点介绍间接处理主体的具体方法。

首先，我们可以运用明暗的对比来突出主体，用大面积的暗衬小面积的亮，或用大面积的亮衬小面积的暗，这种明暗可以是物体自身的影调差别，也可以是光线照射区域和光线照射强度的差别。在这两种对比情况下一总是面积比较小的区域会显得比较突出。

其次，可以运用色彩的对比来突出主体，即用大面积的某种色调与小面积的其他色调相对比。按照格式塔心理学的“图与底”的关系原理，一般来说，人们会把小面积的色彩部分作为“图”，而把面积比较大的色彩部分作为“底”，小面积色彩部分会成为画面的主体。如人们常说的“万绿丛中一点红”，红色面积虽小但很突出，这就是运用色彩对比间接突出主体。

张艺谋导演的电影《英雄》中“胡杨林”一段的开始画面，在一片黄色的背景之中，飞雪一身大红的衣服显得格外醒目。萧萧落叶、飘飘红衣，两种颜色饱和度都很高，形成了鲜明的对比（见图4-4-7）。

图 4-4-7　电影《英雄》截图

再次，可以运用线条的作用突出主体。线条具有引导和限制人的视线的作用，这里所说的线条除了明确的直线、曲线等有形线条外(有形线条主要体现为事物的外部轮廓线)，还包括人物的视线、运动物体的趋向线、事物之间的关系线等无形线条，它们都可以把观众的注意力集中到面积不大但需要突出的主体上面。

我们还可以采用框架性前景来突出主体，当主体因为面积小而不能支配画面，或距离远而又必须表现出远近空间感时，可以为主体搭框架，把观众的注意力集中到被摄主体上面。在摄影创作中，框架的形式是多种多样的，可以规则地布满画面前景边框，也可以是不规则地处于前景位置(见图 4-4-8)。

图 4-4-8　运用框架前景

在摄影中，可以运用动静对比来突出主体，如大面积的动衬小面积的静，小面积静的部分会突出；如果大面积的静衬小面积的动，那么小面积动的部分会突出。这两种方法都可以起到间接突出主体的作用。

在影视摄影中，还可以运用运动对比的方法间接突出主体，它主要包括运动方向、运动速度、运动轨迹的对比。如果大部分被摄物体由左向右运动，小部分物体由右向左运动，小部分物体将显得突出；如果大部分被摄物体匀速运动，而小部分物体变速运动，小部分物体也会被突出出来。

二、支点

在拍摄实践中，我们经常会遇到以表现规模、场面、气势为主的画面，在这样的画面中，我们很难明确地说哪一个事物是画面的主体，那么应该如何来结构这样的画面呢？这就涉及一个新的概念，即支点。

所谓支点，就是在拍摄以表现规模、场面、气势、气氛为主的画面时，要选择一个有代表性的点或一个物体，使其在画面中起提纲挈领、统帅全局的作用，使画面组成一个整体，这个点或这个物体就是支点(见图 4-4-9)。

图 4-4-9　支点

支点往往处于画面中较优越的位置，也往往在影调、色彩等方面与其他事物有鲜明的对比。在表现主题方面，支点并不一定比其他元素更重要，它在画面中的面积也往往显得比较小，但它可以起到画龙点睛的作用，起到结构画面的作用。支点还可以突出场面、规模当中的重点，揭示出事件的本质及气氛节奏的高潮点。

在处理支点时，我们应该注意，由于人们的视觉心理、视觉经验的作用，有些事物、形象容易引人注目，成为支点。如人和动物；非自然的景物，特别是具有一定的形式美感、具有某种含义的人工景物，如亭、塔、桥、楼、纪念碑、寺庙、帆船等；与其他事物有鲜明对比的景物。如果在画面中要选用某些事物作支点，就可以有意地选择以上这些事物。如果不把这些事物作为支点，就要特别注意把它们避开，防止其干扰欣赏者的视线。

三、陪体

陪体是在画面中陪衬、渲染主体，并同主体构成特定情节的被摄对象，它是画面中与主体联系最紧密、最直接的次要对象。

陪体与主体相配合可以说明画面的内容，有利于让观众正确理解画面的主题思想，可以防止产生误解或者歧义。陪体可以烘托、陪衬主体，对主体起到解释、限定、说明的作用(见图 4-4-10)。

图 4-4-10　以枪为陪体

陪体还可以起到点明和深化画面主题的作用，画面中如果没有陪体，那么画面的意义容易流于一般，而有了陪体，画面的主题就会得到深化。

有些画面中把陪体处理在画面前景的位置，使它和前景合二为一，起到双重的作用，既可以交代主体与陪体之间的关系，又可以丰富画面影调、色调的层次，起到均衡画面的作用，既能够强调画面的空间透视，又有利于美化画面。

陪体的处理方法有直接处理陪体、间接处理陪体两种。

所谓直接处理陪体，就是把陪体处理在画面内部，让观众可以看到。这种处理方法要求陪体一定要与主体有所对比，而且不能压过主体，两者必须要有主有次，有实有虚。在直接处理陪体的画面中，陪体的面积往往会比主体小；陪体的位置，往往处于非优越性的边、角、前景、背景的位置；陪体的形象往往会残缺、不完整，只要画面中保留足以说明其性质的部分就可以；陪体的色彩、影调往往与主体有对比，而且不抢眼。由于陪体和主体构成一定的情节，所以要求陪体在动作、神情方面要与主体有密切的配合，陪体的线条结构、方位朝向也必须与主体相互呼应、相对一致。

所谓间接处理陪体，就是把陪体的形象处理化引导，通过观众自己的联想、想象来补足这一形象。这种处理方法具有隐喻的意味，可以调动观众积极思考、想象，显得比较含蓄、意味深长。在这种处理方法中，需要注意的是，把陪体处理在画面之外，但是画面当中一定要保留有“桥梁”或媒介物来引导、限制观众的想象，想象不能漫无边际，没有约束，要有媒介或“桥梁竹启示陪体的具体情节，让人的想象有迹可寻”。

陪体处理方式的不同，反映出不同的画面框架观念。

直接处理陪体强调保留陪体完整，相当于把框架当成一种“界限”，把画面当成一个完整的、独立的世界，认为它应该是完美的、和谐的整体，各种元素都容纳其中，并各得其所，相互扶持。这是传统绘画和摄影的一种构图观念，这种构图方式被称做“封闭式构图”。

间接处理陪体，陪体可以不完整，把陪体处理在画外，是把画框当成“窗口”，把画面与周围边框外的生活当成一个流动的、联系的世界，它自身可以不完满，但通过联想，可以自然补足残缺部分，与画外元素相结合达到完美、和谐，这种构图方式被叫做“开放式构图”。

由于影视摄影具有分切拍摄、连续叙述、运动拍摄、蒙太奇剪接等特点，所以在影视画面中就某个具体的画面来说，采用间接处理陪体的情况较多。香港导演王家卫执导的电影历来在影像上别具一格，由杜可风、黎耀辉、关本良任摄影指导的《2046》就大量采用了开放式构图，将画面内部空间和外部空间紧密结合，将画面空间与声音空间相结合，虽然每格画面看上去是不平衡的，但是整体段落是完整的。这种构图方式与其艳丽的色彩处理共同形成了自己的影像风格，很好地表现了主题(见图 4-4-11)。

图 4-4-11　电影《2046》截图

对于绘画和照片的画面构成与分析，我们都是采用单幅和静止的思维方式。一般来说，一张照片或绘画的主体和陪体是同时出现的；而作为活动的电视画面，它的主体和陪体却是可以同时出现在同一个(段)画面中，也可以出现在两个(段)画面中。在许多情况下，为适应内容表达的需要，主体、陪体关系还是颠倒的，即先出现陪体画面(值得提醒的是，从静态的画面观念看，先出现的陪体画面中的“陪体”又是该画面中的主体，为保证画而构图的完美，拍摄时还得认真安排好这个“陪体”再现这段“陪体”画面中的主体结构地位)，再出现主体画面。如何处理安排。

主体和陪体出现在同一画面上。在这种情况下，主体和陪体共同完成传递信息、表达内容、表现主题的任务。但是，这时要牢记它只是“陪”体，只能是在画面构图中作陪衬处理的对象，只能处于相对于主体来说的次要位置，陪体要既能与主体构成呼应关系，又不至于分散观众的视觉注意力，更切忌喧宾夺主。这时要与双主体或多主体区分开来。

主体和陪体出现在不同画面上。这在电视画面中是经常出现的构图现象，按照主体与陪体出现的先后关系，我们把它分为主体在前、陪体在后，陪体在前、主体在后两种情况。

第一种，主体在前、陪体在后。这时候，主体出现在上一个画面中，根据主体的暗示或呼应情况可以预想和推测到陪体的内容，接着在下一个画面中出现陪体，前而说到的“处于画幅之外的陪体给人以联想和为镜头转场提供方便”也是属于同类情况。在射击竞赛中，运动员和靶的传统画面关系也是这样安排的，先有运动员射击的主体画面，再有射击靶的陪体画面，在射击竞赛中，主体、陪体画面这样依次出现还可以向观众传达竞赛中的悬念与紧张气氛。

第二种，陪体在前、主体在后。这可以说是影视画面摄制中的特有现象，我们很难想象在照片和绘画等静止性画面中会出现这种情沉。但是，在电视画面中，根据内容传达的需要，用变化的、连续的画面语言来艺术地表现主体和陪体是完全可能的。也就是说，让陪体先在画面中出现，然后随着镜头的运动和内容的转化，与其具有情节呼应关系的真正主体才会出现。主体、陪体的关系也就在画面语言中得以诊释，在镜头变化的过程中，陪体便体现了其陪衬的性质和作用。先出现陪体，然后在接下来的画面中展现主体，一方面可以交代下一个画面中的细节或情节重点，成为一种在镜头间进行场景转换的方法；另一方面也能够丰富画面语言，避免主体一览无余的直露和堆砌，从而加强画面表述的表现力。一些表现学生刻苦学习的画面，不少是先用一个特写镜头来表现握着钢笔在纸上奋笔疾书或双手捧读课本的画面，然后推到或切到该学生的中景或全景镜头，在这里，前一个画面就是陪体，它先于主体画面出现，对主体起引导作用，从而更清楚地表达了学生刻苦学习的情态，便于观众理解和欣赏。

需要特别提起注意的是，我们虽然可以运用多种多样的方法来表现主体和陪体的关系，但在这个过程中一定要把握好分寸，以防犯主体不“主”陪体不“陪”的错误。也就是说，陪体始终应当与主体紧密地配合，而不能妨碍甚至削弱主体的表现力。

四、前景

环境即主体周围的景物——人物、景物和空间，是画面的重要组成因素。环境可以烘托主体，有助于叙事、表情、表意；有助于说明事物所处的时间、地点，交代事物的时空特点；有助于说明事件发生的原因(最有代表性的就是大家非常熟悉的侦破片，罪犯作案后逃跑了，警方往往要从环境中寻找破案的线索)；能渲染一定的情调和气氛(大家从其他艺术作品中可以充分感受到环境的这个作用，如元代马致远的《天净沙·秋思》：“枯藤、老树、昏鸦，小桥、流水、人家，古道、西风、瘦马，夕阳西下，断肠人在天涯。”全篇实际是在写人、写情，但大量的篇幅却用在了环境描写上)；有助于揭示事物、事件的本质。

环境的作用非常重要，在纪实风格的影视作品中，环境有助于增强真实感。而在表现风格的影视作品中，环境有表现作者思想感情的作用，我们不能只注意主体事物，而忽略环境。

在环境处理中，要非常注意选择典型环境，即能够很好地与主体相结合、适合于主题表现的环境。在现实生活中，不同事物有不同的环境，同一事物在不同时间也会处于不同环境。事物处于不同环境可以表现出不同的内涵，事物只有处于典型环境中才最能够体现其本质特点，对主题的表现才会最充分。

在处理环境时，还要注意与画面造型有关的一些问题，如光线、影调、色调、明暗、线条、大小、位置等。因为环境对构图形式有重要作用，它可以改变画幅形式以及画面影调、色调形式和明暗色彩构成。另外，环境处理一定要简练、准确，不能杂乱，必须者留，可有可无者，一定要排除在画面之外或将其简化。

环境景物分布在不同空间位置上，根据其距离观察者的远近，我们可以将其分成前景和背景。

前景即在画面中位于主体之前，离观察者最近的景物。此外，前景还有位置的意义，即在画面中无论是主体、陪体或环境的其他组成部分，只要处在离观察者最近的位置上，就可以称其处在前景的位置。

(一)前景的作用

前景的位置一般位于画面前缘的四边、四角，前景景物由于其离观察者最近，所以其成像一般都比较大，容易引人注意，有利于突出某个事物。所以很多画面没有前景，而是将主体直接放在这个位置上，以求突出主体。

前景的另一个基本作用就是增强空间感及透视感，无论是绘画、平面设计、图片摄影还是影视摄影都是“平面艺术”，是在二维的平面上模拟表现三维立体空间。为了增强空间深度感，根据透视规律并主动利用透视规律在拍摄中寻找和增加某种事物作为前景，具有不容忽视的作用。俗话说“前景一尺，后景一丈”，就是说前景有利于加强空间感。在前景运用中，一般来说，如果画面是为了表现空间的远近感觉，就要加用前景，但如果为了表现空间的大而辽阔，往往人们不会在近距离增加成像比较大的前景景物。

前景可以起到交代环境特点、渲染环境气氛的作用，影视剧中在再现某一时代、某一地区的场景时，往往把富有该时代、该地区特征的事物放在画面的前景位置。前景可以在形式上或内容上与主体或背景形成联系或对比，它既可以美化画面，又可以更深刻地表达主题思想。在画面中，前景、主体、背景处在不同的空间层次上，前景离镜头最近，主体距离其次，背景景物最远。不同层次上的景物之间可以产生联系或对比，表达一定的主题。

在影视摄影中，前景的作用也非常重要，在拍摄影视运动镜头(特别是侧面角度移跟和摇跟镜头)时，在主体与摄影机之间加用前景景物，不仅可以增强画面的空间感，还可以加强画面的运动感。张艺谋导演的电影《十面埋伏》中金城武扮演的“随风”和章子怡扮演的“小妹”在白桦林中逃避官兵的追杀，其中的奔跑镜头基本是采用侧面角度移跟和摇跟的方法拍摄，在摄影机和演员之间不断有树干、树枝等前景景物滑过，画面动感很强，很好地表现了这一段落的紧张气氛(见图 4-4-12)。

图 4-4-12　电影《十面埋伏》截图

前景还可以用来交代摄影者的位置，在影视剧中拍摄“主观镜头”时，可以使画面产生鲜明的主观色彩。

(二)框架性前景

在前景处理中，有一种特殊的前景叫做框架性前景。如果框架本身具有一定的形式美感，我们往往称这种前景为“装饰性前景”，它常常是门、窗、栏杆、桥等。

图 4-4-13　电影《嫌疑人 X 的献身》截图

在日常生活中，经常可以见到框架对于视觉形象的影响。我国传统的园林建设就非常注意框架的运用，往往透过园林中的一扇门或一扇窗就可以看到一幅美丽的图画。在我国传统的文学艺术作品中，也有人注意到框架对视觉形象的影响。如“窗含西岭千秋雪，门泊东吴万里船”，其中的“窗”和“门”，就是框架性前景，它们的存在为增强画面意境起到了很好的作用。

框架性前景除了上述前景的一般作用外，还有一些特殊的作用，它可以增强画面的图案美感，可以使画面显得更加独立完整，特别是装饰性前景更具有这种作用；框架性前景还有利于把观众的注意力集中到画面主体上；同时框架还可以遮挡不必要的、妨碍主体突出的杂乱事物。

在前景处理中，一定要避免“为前景而前景”，只考虑形式的追求，而忽视前景景物与主体事物的联系；其次要防止前景破坏、分割画面，色调过深、成像过大、亮度太强的前景往往会影响视线通过，成为视觉障碍；再次，一般情况下，不用又虚、又大的前景，因为这违反人的视觉规律，一般前景都是实的，否则空间感、透视感相对弱化。

前景处理一般都较严谨，形式美感较强。但是，随着现代摄影的发展，人们欣赏水平的提高，摄影艺术的审美追求趋于真实、自然，在某些情况下也出现了运用虚乱前景的现象。但是这种虚乱，一定要是艺术的需要，要“虚中有实，乱中有理”，“形散而神不散”。不论其怎样虚乱，主体都必须是引人注目的，并且虚乱的形象要可以辨明其原型，在视觉心理上是清晰的、可理解的。

五、背景

在影视画面中，位于主体之后，渲染、衬托主体的环境景物就是背景。

从某种意义上来讲，背景比前景更重要，因为可以有没有前景的画面，但是不会有没有背景的画面，背景是不可回避的。

在日常拍摄中，人们往往容易忽略背景，这样带来的最直接的问题就是前后景物的“不良重叠”，即前后景物不恰当地重叠在一起，造成主体形象的不佳或变形，影响视觉感受和主题表现。我们常常可以见到这样的画面，画面拍摄的主体是一个人，但是背景中的一棵树或一根电线杆正好“长”在人的头上，或者背景中的一座桥正好“横压”在人的肩上或者腰上，这些都是常见的“不良重叠”现象。

背景在画面中往往可以点明主体事物所处的客观环境、地理位置及时代气氛；背景还可以点明、深化、丰富主题；在画面的形式上，利用背景和主体影调、色调的对比，可以起到突出主体的作用；在画面中，利用前景和背景的对比，还可以形成景深构图，即在画面中前景景物和画面深处的景物都是清晰的，前后对比可以表明主题。

在背景的处理中，背景运用一定要有意义。只要背景景物清晰地呈现在画面里面，它就必须要有利于主题的表现，至少不能干扰主题的表达，如果背景没有明确的意义，那么它就是多余的因素，要想方设法将其排除或者弱化。

要注意形成背景与前景、主体、陪体等的影调、色调对比，如果没有差别，就达不到突出主体的效果。如果物体是暗色的，那就应该把它配置在淡色的背景上；如果物体是淡色的，那就应该把它配置在暗色的背景上；如果物体是有淡有暗的，那就应该把暗色的部分配置在淡色的背景上，而把淡色的部分配置在暗色的背景上。除了亮色与暗色相互对比，我们还可以把亮色、暗色配置在中灰色背景上。主体与背景之间在影调、色调上有对比，不仅可以起到突出主体的作用，并且主体与背景之间影调、色调对比的强弱，还决定了其画面形象视觉冲击力的强弱。如黑白影视画面中，黑与白对比，就比黑、白与灰对比强烈；彩色影视画面中，原色对比、补色对比就比同类色、邻色对比视觉冲击力强。

对比的规律简单明了，但是在实际拍摄中，对比的方法却是多种多样，具体问题要具体对待，要根据不同的主题、不同的拍摄对象，创造性地运用不同的方法。

背景的处理一定要注意简洁，“舍”去与主题无关的景物。在前面讲到的“评价画面优劣的标准”中有一条就是“画面要简洁”。实际上，画面简洁与否在很大程度上取决于背景简洁与否。在简化背景的过程中，我们应完全排除或者弱化掉对主题表现没有作用的背景景物。

一般来说，简化背景可以从以下几个方面入手。

(一)拍摄角度

仰角度拍摄、俯角度拍摄相对于平角度拍摄有利于简化背景。

图 4-4-14　仰角度拍摄

平角度拍摄的最大问题是会形成前后景物的重叠，容易显得杂乱，不利于简化背景。而仰角度拍摄则往往可以以比较干净的天空、大楼、高山、树林等作背景，俯角度拍摄则往往可以找到干净的地面、路面、水面等作背景，仰角度拍摄和俯角度拍摄还可以避开背景当中的地平线、地平线上杂乱的事物。

尽管仰角度拍摄和俯角度拍摄具有简化背景的作用，但是由于俯仰角度会对被摄物体的外形表现带来较大影响，而且俯仰角度具有强烈的主观感情色彩，所以在拍摄实践中只有当画面主题与俯仰角度特点契合时才可以运用。

(二)光线

利用逆光、侧逆光拍摄相对于利用顺光、斜侧光、侧光拍摄有利于简化背景。

图 4-4-15　逆光仰角度拍摄

顺光拍摄的最大问题是主体与背景光照强度一致，背景细节尽显，与主体相杂、相混、相争，难以简化背景。这一点在自然光照明的情况下，非常明显。在人工光顺光照明时，背景景物与主体的光比随着距离的远近成反比，背景景物越近越不容易简化。而斜侧光、侧光都会在被摄物体表面带来较明显的明暗分布，形成较繁杂的受光面、阴影面和投影，对于背景景物也会产生较多的光影，背景不易简化。利用逆光、侧逆光拍摄，往往需要以暗背景衬托轮廓光，所以背景会隐没于黑暗阴影中，主体轮廓光很亮，使主体轮廓线清晰，形状分明。如果再给主体景物一定的辅助光，按主体景物的亮度确定曝光，那么背景会显得更加深暗，也可以更加简化。如拍摄人像画面的时候，以较暗的景物作背景，给人脸加了辅助光，再按人脸的亮度确定曝光，这样人物周围形成了轮廓光，背景变得很暗，背景的细节全都隐没于黑暗之中，从而使背景得以简化。

在中国电影、电视摄影中，存在着一个非常有趣的现象，即拍摄电视纪实节目(新闻片、专题片、纪录片)时，很多摄像师非常偏爱运用顺光拍摄，而比较忌讳运用逆光拍摄；拍摄影视剧作品时，摄影师非常忌讳运用顺光拍摄，而比较偏爱使用逆光、侧逆光拍摄。这种现象一方面体现出影视艺术作品和电视纪实节目不同的创作条件、设备投入状况，一方面也体现出影视艺术作品的摄影师和电视纪实节目的摄像师对光线的运用、把握能力的差别。通常情况下，电视纪实节目的拍摄投入的资金、摄影器材以及摄影辅助工具较少，对影像质量、造型效果的要求标准也相对较低，因此在拍摄过程中，运用顺光拍摄，可以较方便地使用摄像机自动光圈、自动白平衡、自动对焦等功能，为节目拍摄提供方便。影视艺术节目的拍摄，资金投入比较大，设备配备比较全，强调画面造型效果和影像品质，摄影师一般都受过严格系统的摄影专业训练，他们往往因为顺光造型效果平淡，而且容易在操作过程中造成摄影师、录音师等摄制组成员的光影穿帮，所以较少采用顺光拍摄。逆光、侧逆光则因为其造型效果好，而受到他们的青睐。

张艺谋导演的电影《我的父亲母亲》可以看做一个运用逆光照明拍摄的影视艺术作品的范例，其中大量镜头都运用了逆光或侧逆光拍摄。在该片中，最经典的一场戏——招娣在学生放学的路边等待男教师送孩子回家一段，就大量使用了逆光、侧逆光拍摄，并且导演和摄影师在这里使用了假定性光效，对招娣和放学队伍在不同地点进行分切拍摄，然后通过蒙太奇剪辑使其并置，在银幕上营造了一个现实世界根本不存在的"银幕空间"。

图 4-4-16　电影《我的父亲母亲》截图

(三)镜头焦距

镜头焦距不同会带来不同的视场角和不同的景深范围。使用长焦距镜头相对于短焦距镜头有利于简化背景。

使用长焦距镜头，视角窄，可以缩小进入画面的背景范围；并且长焦距镜头景深较浅，主体前后的清晰范围较小，前景和背景被虚化的程度较高，这样可以把繁杂的背景置于景深范围之外，使它虚化成某种朦胧的色块。

此外，长焦距镜头在使用中往往结合高快门速度和大光圈，造成景深变小，背景虚化，线条柔化，色调浑然一体，使背景简化。

如果使用广角镜头，则视角宽，进入画面的背景景物多，容易杂乱。广角镜头的景深往往较大，画面中主体前后的清晰范围较大，这些都使广角镜头不利于简化背景。

需要注意的是，在使用长焦距镜头谋求小景深的同时，也会带来纵向空间的压缩，造成前后景物显得距离被拉近，这一点有时是不利于背景简化的。而如果主体和背景之间有一定的空间距离，采用广角镜头近距离贴近主体事物拍摄，则会进一步强化主体与背景景物的大小对比，强化主体与背景景物之间的距离感，有时反而起到了简化背景的作用。此外，使用长焦距镜头拍摄，需要更高的稳定性，往往需要使用高快门速度、三脚架等支撑设备，否则画面影像容易发虚。

(四)光圈

在镜头焦距相同、拍摄距离相同的情况下，使用大光圈相对于使用小光圈有利于简化背景。

光圈越大，则景深越小，背景的虚化程度越高；而光圈越小，景深越大，画面中前后清晰范围越大，则不利于简化背景。

在电视摄像中，为了自如地调整光圈、控制景深，我们往往采用以下方法：一是在调整白平衡时加灰片。在目前常用的摄像机中，有的摄像机灰片是和色片在一起的(如某些摄像机色片的标识 5600K + 1/4ND 等)，有的摄像机灰片是和色片分开的(如 BETACAIVI600P 型摄像机，色片用 1、2、3、4 号标示，灰片用 A、B、C、D 标示。DVW707、DVW 700 等型号的摄像机色片和灰片的设置与此基本相同)。在同一档色片的基础上可以换用不同的灰片，灰片的遮光能力越强，镜头的光圈就可以开得越大，这样在保持画面曝光量不变的情况下，画面景深就会变小，有利于简化背景。二是利用电子快门。调快一档电子快门速度，就可以相应地开大一档光圈，这样也可以保持原有曝光量不变，而使画面景深变小。

(五)利用天气变化

在天气变化的情况下，空气当中的介质会增加，这有助于简化背景。如雨天，烟雨濛濛，背景景物会随着距离远去而隐没；雪天，大地银装素裹，一切都统一在一片洁白之中；雾天，景物若隐若现，只保留下大的轮廓，细部全部隐没。

图 4-4-17　电影《金刚：骷髅岛》截图

在摄影创作中，越是天气变化的时候，越是容易出优秀摄影作品的时候，这种说法是有一定道理的。首先，天气变化会带来光线效果的变化，光线效果变化会赋予景物不同一般的外部状态。其次，天气变化会引起人们心理的变化，在摄影中，风、霜、雨、雪、雾等天气变化带来的景物，往往被人们称为“抒情性元素”，它们很容易被赋予人们的主观感情出现在画面创作中。

(六)空白

画面中除了实体对象以外的、起衬托实体作用的其他部分就是空白。空白不一定是纯白或纯黑，只要是画面中色调相近、影调单一从属于衬托画面实体形象的部分，都可称为空白，如天空、水面、地面草地、墙壁、长焦距虚化的背景景物等。

空白可以起到营造意境的作用，空白与实体景物的面积比例关系是画面布局的一个重要方面。在一幅画面中，实体对象面积大，画面趋于写实，空白面积大，画面则长于抒情写意。画面中的空白往往不是真空和死白，而恰恰是意韵生发的空间。古人在绘画构图中非常讲究空白的作用，要求“虚实相济，疏能跑马，密不透风”，还讲“妙在空白”、“难得空白”、“空白是画”。如果一幅画面没有空白，就好像房屋没有窗户，气韵难以流通。中国画讲“虚实相生，无画处皆成妙境”、“画留三分空，生气随之发”，空白可以给想象留下自由翱翔的空间。

在事物众多的大景别画面中，主体周围空白面积的大小往往会影响到主体的突出程度。主体事物周围空白较大，则主体比较容易突出，主体事物周围空白较小，则不利于主体突出。这一点在许多方面都可以找到例证，如北京的天安门、北海公园的白塔、颐和园的佛香阁的周围都保留了足够的空白，这使得这些传统、经典的建筑在如今高楼林立的北京仍然能够保持突出醒目、高大雄伟的感觉。

空白还可以使画面语言精练，因为空白的存在，画面中实体部分减少，使画面显得比较简单，一目了然，也易使画面显得空灵。

在处理空白时，首先我们要注意被摄事物的方位与朝向。“人有向背，物有朝揖”，日常生活中，事物往往是有方位和朝向的。在一般情况下，处理有方向性的物体时，在其前方留较多的空白。如在人的视线前方留较多的空白，在运动体的趋向方留较多的空白，同一物体往往在光线入射方留比较多的空白。注意空白的方位与朝向，要避免“闭门思过”式的画面构图。但也有例外，有时可以在物体后方留较多的空白，或在运动体的后方留比较多的空白，这都是为了追求特殊的效果。

在影视摄影中，处理画面空白还要考虑到影视前期分切拍摄、后期组接叙述的特点。影视中屏幕空间和屏幕运动均具有假定性，如果违反拍摄、剪接规律，就会难以真实地反映被摄场景、被摄事物的空间位置关系、交流关系。一般来说，应该在相互联系的事物相向的方向留比较多的空白，而在相互联系的事物相背的方向留较小的空白。

影视空间可以分为画内空间和画外空间，单幅画面的空间失衡可以通过上下镜头的组接来恢复平衡。声音虽然不能以具象形式占据画面幅面，但是声音的远近、大小、方位却能实实在在地影响观众对影视空间的心理感受。因此，空白的处理必须考虑画画组接和声音的作用。

其次，我们要注意处理空白与实体的比例，不能太空，也不能太散。一般要注意两者之比最大不能大于1∶9，最小不能小于6∶4，不能造成均分画面的分割感。

画面中的空白并非真空，大面积空白，往往需要一些细小的变化，需要有一些细部的层次点缀，起到“破”的作用。空白不能成为一片死白，成为视线的禁区。如拍大面积天空，就要有一些云点缀或有鸟飞翔；拍大面积水面，就要有小舟、波纹、浮萍等来点缀。

六、空间透视

传统的摄影构图理论主要研究构图要素在平面上的位置，从历史的角度看，这种现象自有其一定的合理性。众所周知，由于摄影技术的局限，早期摄影家使用的照相机镜头主要是标准镜头，只能在标准镜头提供的与人眼视觉相似的空间关系基础上进行创作，他们不可能超前地想到因透视变化造成的新的创作机会，因此也就不会把选择空间透视列入摄影构图的范围。但是，随着现代摄影技术的发展和各种特殊镜头的普及，各种特殊镜头造成的不同空间透视情况被越来越多的欣赏者接受。欣赏者求新求异的审美要求也反过来促进摄影家对空间作进一步探索。德国摄影家恩斯特·韦伯认为，在今天，选择“正确的透视”是摄影构图的重要基础。一般情况下，摄影当中常见的透视情况有以下几种：线性透视、空气透视、散点透视、多点透视。

(一)线性透视

线性透视即人们平时所说的“透视”，它的界定是“用几何方法在平面上把立体物象显示出来”。线性透视又叫做线条透视，是利用线条表现画面空间深度感的手法。在现实生活中人们对于线性透视现象和透视规律积累了大量的经验：

1. 景物距离拍摄点远近不同则其影像大小不同，距离拍摄点近的物体影像大，越近则越大；距离拍摄点远的物体影像小，越远则越小；

2. 物体有规律排列形成的线条或互相平行的线条，有向中间汇聚的趋势，越远越靠拢，越远越集中，最后形成一点消失在天际中。

如果把线性透视规律强调在画面上，深远的空间感就出现了。空间感的强弱同它们的对比有相当大的关系：景物大小对比强烈、悬殊，线条收缩越急，则空间感越强；景物大小对比不明显，线条收缩缓和，则空间感弱。

图 4-4-18　电影《银河护卫队 2》截图

拍摄方向影响到画面的线性透视，影响着画面所表现的空间深度。正面和侧面角度拍摄，画面线条多为平行，缺乏线条透视方向和力量。如果采用斜侧面方向拍摄，画面就会发生明显变化，这个角度能化平行线条为斜线条，有利于展示线条透视的纵深。斜侧方向拍摄，把线条透视聚集收拢点保留在画面中某一点上，还是处理在画面外，透视效果是不一样的。如果把聚集收拢点处理在画面中央，它的透视效果就不如把聚集收拢点处理在偏离画面中央的某一点上，后者的空间深度比前者更强，如果聚集收拢点处理在画面对角线外，透视效果更为明显。

拍摄高度也影响着画面线性透视的状况，拍摄高度是展示线性透视的起码条件。一般来讲，平角度拍摄透视感弱，有规律排列形成的线条和自然景物中固有的线条被压缩，不能较大限度地平展在画面上；仰拍、俯拍有利于表现线条透视效果。采用仰拍，线条自下而上收缩汇聚；采用俯拍，则能最大限度地把画面中的线条展开；采用仰拍、俯拍结合斜侧拍摄方向，则更能充分利用画面容量，增强画面的空间透视效果。

拍摄距离同样影响着画面的线性透视，拍摄点和景物两者之间的距离变化，是造成线条收缩或急或缓的基本原因。拍摄点距景物越近，线条收缩越急，线条透视明显；拍摄点距景物越远，线条收缩越缓，线条透视就越不明显。所以，在拍摄现场条件允许的情况下，要尽量靠近景物拍摄，以求得较强的空间透视效果。在实际拍摄当中，有时要注意回避由于拍摄距离过近引起的透视夸张和景物变形，如拍摄人像，如果在超近距离拍摄，就会造成人物面部凸起变形。

镜头焦距对画面线性透视也有明显影响。标准镜头拍摄的画面，其空间透视效果与人眼观察的正常视觉效果最为接近。而各种广角、超广角、长焦、超长焦以及其他特殊附加镜的竞相发明，为人类改变线性透视提供了种种可能。长焦距镜头拍摄的画面，可以压缩纵向空间，远近景物有被拉近、被放大的感觉，但远近物体影像缺乏大小对比，在画面中叠加、拥挤在一起，不适合表现线性透视。短焦距镜头使远近景物大小对比十分明显，透视效果好，有强烈的距离感和纵深感，可以有效地把远近景物纳入同一个画面。所以在拍摄同一景别的画面时，段焦距镜头拍摄的画面比长焦距镜头拍摄的画面透视感强。在实际拍摄中，要想加强线性透视感，一般要采用段焦距镜头，近距离拍摄；要想弱化空间透视感，则往往采用长焦距镜头、远距离拍摄。

由于广角镜头具有景深较大的特点，画面当中清晰范围较大，所以在实际拍摄当中，常常利用广角镜头结合场面调度拍摄景深构图画面，即画面深处的景物和画面近处的景物都是清晰的，远近景物具有各种各样的联系。电影《公民凯恩》就是采用景深构图的经典电影。

（二）空气透视

与线性透视一样，空气透视也是表现深度的传统概念。它主要是与大气及空气介质有关的透视现象，往往利用物体在大气中的变化，创造出一种富有空间深度感的幻象。最早注意到空气透视效果的是意大利画家达·芬奇。

空气透视的规律包括：

1. 物体的影调随距离拍摄点的远近不同而变化，近处的物体影调暗而深，远处的物体影调淡而浅，越远越浅，直至完全消失；

2. 物体的色彩随着距离拍摄点的远近不同而变化，近处的物体色彩饱和度较高，明度高，远处的物体色彩饱和度差，而且趋于冷色；

3. 物体的明暗反差随着距离的不同而变化，近处的物体明暗反差较强，远处的物体明暗反差较弱，越远越弱；

4. 物体的清晰度也与距离密切相关，近处的物体清晰度较高，远处的物体清晰度较差，显得模糊，“远山无石、远人无目、远水无波”讲的就是这个道理。

图 4-4-19　电影《银河护卫队 2》截图

影响空气透视的因素是多种多样的。首先是空气中的介质，如雨、雪、雾、尘土、水汽、烟等，有这些介质，往往画面的空气透视感强，缺乏这些空气中的介质，画面的空间透视感往往较弱，但是空气中的介质也不能太多，否则空间感也会受到削弱。在实际拍摄当中，由于利用自然的天气条件变化以求得增强空气透视受到一定的限制，所以往往采用施放人工烟雾的方法来加强空气透视。

光线方向也会影响到空气透视状况，逆光和侧逆光是获得空气透视的基本条件。景物呈现在这种光线下，画面有了过渡层次的变化，由于逆光照射，每个物体外部有了鲜明的轮廓，近处物体清晰，远处物体由于介质作用，逐渐淡化。拍摄时，还要注意时间的选择，一天中的早晚时间，光线入射角低，能够获得最佳透视效果。

前景是强调线性透视、空气透视的重要因素，选择较暗的前景景物，使其构成与后景当中事物的明暗、大小对比，丰富影调层次，有利于展示三度空间，一般情况下，较忌讳前景景物过亮，因为它容易夺人眼目，会成为妨碍人的视线通过的障碍物。

需要补充的是，多层景物能够使空间透视明显化，并富有节奏美感和韵味，但是如果景物和物体不是多层次出现，只是一些比较单一的景物和物体，即使光线、角度再好，对于表现透视也是无能为力的。

控制景深，选择焦点，造成物体的虚实对比，也是表现空气透视的重要方法。在一些特定场景和条件下，景深造成的物体不同虚实状态和不同的轮廓清晰程度，可以形成近清晰、远模糊的透视印象，可以达到视觉感受空间的目的。

有效地利用滤镜，可以增强或减弱空气透视效果。在黑白摄影当中，可加用蓝色滤色镜以加强空气的透视效果，或者加用偏振镜以及深黄色、橘黄色、红色的滤色镜以减弱空气透视效果。在彩色摄影当中，空气透视会使远处的景物色彩偏蓝、偏淡，这是空气分子使短波长光折射的缘故，可加用偏振镜进行调整，减弱空气透视效果，保证物体的色彩饱和。其他的效果镜，如雾镜、柔光镜也可以加强空气透视效果。选择或调整光线，造成近暗远亮，促使人的视线向远处伸展，也有助于交代空间深度。

（三）散点透视

图 4-4-20　电影《银河护卫队 2》截图

按照中国、日本古代画家的构图准则，画面空间幻觉的产生，并不在线性透视，而是来自画家对自然的感受。所以，中国、日本的古代画家在作画时，从不局限于一个固定的观察点，而是一会儿爬上山顶眺望，一会儿走下石级细看，然后，综合自己多次观察的印象，随心所欲地画出反映他内心感受的画面。散点透视构图法造成的空间幻觉，带有明显的个性特征，而且随意性较大，能潇洒自如地表达画家对世界的看法，淋漓尽致地传达画家对生活的感受。我国宋代画家张择端的《清明上河图》就是散点透视的典型例子。

散点透视构图法物化到摄影创作中，成为叠印法和粘贴法。

（1）叠印法。

叠印法即把在各处拍到的各种景物叠印在同一画面中，叠印时并不需要考虑组合而成的画面是否符合线性透视。

（2）粘贴法。

拍摄时，有意识地对某一景物进行连接拍摄，包括全景、中景、局部，然后从中选择合适的片断粘贴起来，创造出一个超常或超宽的画面，以容纳更多的东西。粘贴时同样不必拘泥于线性透视，只要画面看上去舒服即可。

（四）多点透视

多点透视是对线性透视的逆反，摄影家常常使用镜面反射或叠印技术，故意破坏线性透视的空间幻觉统一性，把从几个视点观察的影像组合在一个画面中，以期把复杂的美学观念带入画面。还有些摄影家则干脆打破了画面画框的束缚，采用三联照或四联照的形式来构图，把几个线性空间的人物、景色并置在一起，用相似性和差异性参半的几个画面相互影响，构造新的空间。

第五章 拍摄角度

第一节 角度的意义

角度的选择对影视创作具有重要意义。角度的选择，实际上就是拍摄位置的确定。在各种造型元素中，角度对于画面结果的影响是最大的，它决定的是画面的“骨架”。在电视纪实摄影中，我们往往只能通过改变自身的拍摄位置、改变拍摄角度来求得比较理想的画面效果，而对于色彩、光线等元素的运用则要受到一定的限制。

角度变化可以影响到画面的造型效果。角度不同，画面中主体与陪体、前景与背景及各方面元素的位置关系也会发生变化，即使是细小的角度变化，也会带来全然不同的画面造型效果，即所谓的“移步换景”。即使是在同一场景拍摄同一事物，由于拍摄角度的差别，画面效果也会不同。画面效果不同，有时会带来对主题表现的准确性、深刻性的差别，这一点更应该引起我们的注意。

在被摄物体周围可以有千千万万个角度，从不同角度观察，物体会呈现出千变万化的形象。在这些形象中，有一些形象不能够真实客观地反映物体，这种现象往往被我们称做视觉错觉(影像错觉)。视觉错觉会赋予被摄物体怪诞的或者新奇的视觉效果，要根据主题需要，有意识地利用或者防止这种错觉。

不同的角度往往具有不同的侧重点和表现力。角度具有鲜明的个性，它能够强调、突出、夸张对某个事物的表现，也能减弱对某个事物的表现。实际上，角度“透露了摄影机后面那个人的内心状态”。由于拍摄角度的差别，我们可以真实呈现事物的外形和揭示事物的本质，也可以造成对被摄物体表现上的不真实、不客观，可以使观众无法正确认知被摄物体，这充分说明影视摄影的“纪实性”是有限度的。在不导演、不干预的前提下，完全有可能对被摄物体进行主观的、甚至歪曲的表现。角度的运用是画面语言的重要组成部分，角度运用的准确与否直接影响着创作者主观情感的表达。

角度贵在新颖、独特。影视技术产生至今虽然只有短短百年，但是人类的视点却几乎无处不在。影视的发展过程就是影视摄影者不断探索、开掘新的影视摄影视角的过程，影视发展到今天，寻找和发现新的角度已经不是一件容易的事情。然而正如法国雕塑家罗丹所说，“生活并不缺少美，只是缺少发现美的眼睛”，摄影摄影从业人员依然应该努力寻找属于自己全新的角度。一个新角度的产生，往往给人类提供一种全新的影像，往往会带来人类视觉领域的拓展。特别是在影视摄影正，一种新角度往往会带来一种全新的拍摄方式，全新的拍摄方式又会给人们提供全新的观看方式和心理感受。时刻寻求新的观察世界、了解世界的角度，是所有摄影创作者的共同任务。

谈到拍摄角度，人们往往很容易想到苏轼的《题西林壁》中的两句，“横看成岭侧成峰，远近高低各不同”。这两句诗精练地该活了观看角度的变化，物体所呈现状态的变化。“横”、“侧”指观看方向的变化，方向不同，对同一座山的看视结果不同，一个是“岭”，一个是“峰”；“远近”指观看距离的变化；“高低”指观看角度的变化，最终诗人得出结论“各不同”。

角度千变万化，可以在被摄物体周围找出无数个拍摄点，但任何一个角度都可以通过三个坐标轴来共同确定，即拍摄方向、拍摄高度、拍摄距离，也就是拍摄时围绕被摄物体所进行的左右、前后、高低的综合变化。

第二节　拍 摄 方 向

拍摄方向是指拍摄角度在水平方向上的变化，拍摄者以拍摄对象为中心，进行水平圆周运动，寻找最理想、最能体现拍摄对象特征的角度。根据拍摄方向的变化，可以分为正面角度、侧面角度、斜侧面角度、背面角度四种基本角度。

一、正面角度

图 5-2-1　电影《速度与激情 8》截图

正面角度是表现物体主要外貌特征最主要的角度，它可以毫无保留地再现被摄物体正面的全貌或者局部。许多物体最易与其他物体相区别就是其正面，人们也往往将最能够体现某事物特征的一面定义为该物体的正面。拍摄证件照片，都会要求从正面拍摄，这说明正面最能够体现某人区别他人的特征。

从正面角度拍摄人物，可展示人物的面部表情、神态，展示人体的对称特征，还可以展示人体正面的动作姿态。从正面角度拍摄建筑，能够突出其宏伟和堆成的美，适合表现由建筑师依据中心视点而设计的建筑群。

正面角度结构的画面往往给人以某种程度的静态感，适合变现安静、平稳、庄重、严肃的主题。比如拍摄党和国家的重要会议、重要仪式等，都要以正面角度为主。正面角度也会使画面显得比较平淡、呆板，缺乏内在的张力，往往给人以静态有余而动感不足的感觉。正面角度往往可以使被摄物体直面镜头，也使被摄物体直面观众的主观视点，可以产生画内和画外的直接交流感。从正面角度拍摄被摄物体，当欣赏者观看画面时，往往会与被摄物体直面相对。

在影视摄影中，在拍摄主观镜头时，常常会从正面角度拍摄被摄对象，被摄对象与摄影机镜头直接交流，仿佛在和画外的人物或者观众直接交流。这种镜头往往能够给观众很强的视觉冲击和强烈的心理体验。在电影《求求你，表扬我》中，一开场就是一个长达一分多钟的长镜头，也是一个主观镜头，男主角杨红旗对面镜头诉说报社应该表扬自己的理由，而镜头视点则是代表报社编辑的主观视点。这个镜头用大特写景别出现，又持续一分多钟，给观众留下了深刻的印象。

正面角度还可以把多个有联系或有差别的形象并列展示，形成对比，产生引申意义，并丰富画面内涵。

最后，正面角度也有自己的不足之处。正面角度不利于表现空间感(纵深感)、立体感，它往往只能展现事物的一个面，在画面上难以表现出事物的多面性，画面往往显得较平。正面角度拍摄运动物体，只能表现运动体正面的姿态，画面中难以表现运动物体的方向，难以表现运动物体前后的空间，难以表现运动物体的速度，所以在多数情况之下，正面角度不利于表现运动物体。

二、侧面角度

侧面角度是从被摄物体的正侧面拍摄，它往往用来勾勒物体的轮廓线，强调动作线、交流线的表现力。侧面角度的表现力很强，这从我国传统民间艺术皮影戏的皮影造型中就可以看到。皮影的造型主要都是在侧面轮廓上下功夫，一个侧面角度就可以表演丰富的戏剧情节，足可见侧面角度的表现力。

侧面角度有利于表现人或事物的动作姿态，许多事物运动起来的时候，最优美、最富有特征的线条往往展现在侧面，如人、马、鱼、汽车等。

侧面角度有利于清楚地交代运动体的方向性和事物之间的方位感。从侧面角度拍摄，被摄物体的朝向、运动方向与被摄人物的视线焦点在画面一侧或在画面之外，画面中保留了运动的空间，可以使运动具有明确的方向性。在足球、篮球、排球三大球比赛的转播拍摄中，主机位都会设置在场地的侧面，因为侧面角度最有利于交代比赛双方的方位关系。

在 1997 年中央电视台和香港凤凰卫视中文台联合直播的“柯受良飞跃黄河”的转播中，柯受良飞跃瞬间的拍摄所选择的角度是从壶口瀑布对岸的高处俯拍，这个角度的选择不够理想，运用正面角度压缩了运动的空间，长焦距镜头的运用减弱了纵向运动的速度，俯角度拍摄压低了跳跃的高度。而如果换用侧面角度、稍仰角度拍摄这一瞬间，那么汽车由此岸到彼岸的方位关系、汽车的运动方向、汽车飞跃的高度都会得到更为准确恰当的表现。

图 5-2-2　电影《速度与激情 8》截图

侧面角度有利于展现被摄物体的轮廓特征，许多事物也只有从侧面才能看出其最富有特征的外形和轮廓，如茶壶、轮船等，有一些旅游风景区，在很多年前我们常常可以遇到这样一些人，他们靠黑卡纸给游客剪头像谋生。尽管各位剪像者的手艺水平有高低之分，但有一点却是共通的，那就是大家都会以游客的侧面角度为基准来进行剪头像。这充分说明，最能体现某个人轮廓特点的角度是侧面，从侧面角度观察可以看到人面部和身体线条以及轮廓的变化，衡量一个人身材美不美也要从侧面角度来考察。前面，我们讲过，皮影制作也是以事物侧面角度为基准的。由于皮影戏是通过在皮影上打光形成投影进行表演，投影展现的是事物的轮廓，所以这也充分说明侧面角度是展现事物轮廓特征的最主要角度。

侧面角度配合中景景别适合表现情节、情感交流，从侧面角度可以交代清楚事物之间的方位关系、动作关系，画面中的不同对象都可以得到充分的表现。

三、斜侧面角度

斜侧面角度往往是指介于正面角度与侧面角度之间的角度，既能表现物体正面的形象特征，又能表现物体侧面的特征，而且物体形象可有丰富多样的变化。

斜侧面角度可以弥补正面、侧面结构形式的不足，消除画面的呆板，使画面显得生动、活泼、多变。从斜侧面角度拍摄的人像，即能够表现人物的主要面部特征，又能够表现人物面部的立体起伏和轮廓特点。在传统人像绘画、人像摄影中，斜侧面角度都是一个常用的角度，人们往往将“四分之三侧面人像”作为最经典的人像。

图 5-2-3　电影《速度与激情 8》截图

从斜侧面角度拍摄人像，人物斜侧程度的大小，可以矫正人物面部的缺陷。如果人物较胖，那么往往会使人物斜侧的程度大一些，照明光源侧一些，造成人物表面阴影部分多一些，这样人物会显得瘦一些；如果人物较瘦，拍摄时往往会使其倾斜的程度小一些，面向较正，照明光源正一些，造成人物表面明亮部分多一些，这样人物会显得比较丰满。斜侧面角度拍摄人像，还会给画面带来一种静中有动的感觉。

斜侧面角度有利于使相互联系的事物分出主次关系，有利于突出物体的某一局部，可以形成画面中物体的大小对比，使画面中各部分失去同等意义。一般来说，离镜头较近的部分会得以突出强化，原理镜头的部分会显得弱化。在拍摄实践中。我们常常利用斜侧面角度的这个特点，结合光线照明处理，将影响主题表现的部分、被摄物体有缺陷的部分处理在远离镜头的一侧，这种方法被称为“藏拙”。

斜侧面角度还有利于表现空间透视感和物体的立体感。斜侧面角度至少可以展现物体的两个面及其接点和连线，可以化平行线条为斜线条，可以形成物体影像的近大远小、线条汇聚等有利于表现空间透视、空间深度的特征。如果结合上仰俯角度拍摄，这一点会更加明显。斜侧面角度可以充分利用画面对角线的容量，有利用形成对角线构图，可以使一些延伸线条在画面中保留得最长，空间似乎被扩充了。对角线构图又会使画面显得均衡和谐。

在电视摄影中，斜侧面角度还常常被用来有重点的交代相互联系的事物，用来表现画面纵深空间相互联系的事物。在电视访谈中，斜侧面角度常常被用来作为主角度，拍摄被采访者和采访者都是采用斜侧面，但是要注意两者在画面中的位置，视线要相反相对，这样可以保证被采访者和采访者的正常交流。在电视谈话节目中，也可以用斜侧面角度拍摄“过肩镜头”，使被采访者和采访者互为前景、背景，既能交代两者之间的位置关系，又可以使画面具有一定的空间深度感。过肩镜头的拍摄需要注意以下事项：

(1)前景中的人物一般不需要保留得十分完整，为了保证主体人物的突出程度，前景中的人物一般只保留三分之一左右。

(2)拍摄过肩镜头所用的镜头焦距一般不可过短，应采用标准镜头或长焦距镜头拍摄，主要是为了防止产生前景人物和主体人物较大的变形和大小差异，造成视觉上的不适。

(3)过肩镜头的拍摄一般应注意从个子较矮或位置较低的人背后拍摄，应回避从个子较高或位置较高的人物背后拍摄。因为如果从个子或位置较高的人物背后拍摄，就会造成前景显得过分高大而主体人物成像过小，不利于主体突出，有碍于人们对主体的关注。

斜侧面角度还有利于表现动势、动感。如果说单纯的正面、侧面静态有余而动感不足的话，那么斜侧面往往显得动感较强。从斜侧面拍摄，景物总是处在侧面和正面之间的不稳定状态，总有一种向正面或向侧面运动的内在张力，给人以较强的动感。

四、背面角度

背面角度即从物体背后拍摄，在拍摄方向的四中角度中是一种较少被采用的角度，它往往能产生特别的效果，比较含蓄，给观众留下的联想、想象的空间比较大，可以引人思考。在我国的文学作品中经常会看到描写事物背影的文章，如著名散文家朱自清先生的《背影》，通过父亲爬铁道的背影激发了作者强烈的情感。

图 5-2-4　电影《金刚：骷髅岛》截图

背面角度往往会给观众带来很强的参与感、伴随感。它能将主体人物和他们所关注的对象表现在同一画面上，观众可以看到主体人物和面对的人和事，也就容易体会主体人物的所思所想。也许正是由于背面角度具有参与感、伴随感等特点，所以我们电视纪实节目的拍摄方法往往采用“跟拍法”。即跟着主要对象或记者的背后去拍摄，由主要被摄对象或记者带领着摄像机进入到所拍摄的事件、场景中去。摄像机镜头成为观众的眼睛，这样主体人物或记者面对什么，观众也会面对什么，有一种层层深入、探求未知的效果。

在某些理论文章中，我们看到有人提出纪实摄影的主要方法就是“跟随跟随再跟随”，纪实摄影就是要“提前早开机，中间不停机，拍完了晚关机”。我们认为，“跟拍法”有它一定的作用，是纪实摄影的一种重要方法，但同时“跟拍法”也有自身的一些不足之处，绝不应将其看做纪实摄影的唯一方法。目前的电视节目制作，越来越强调制作的精良，强调前期的策划、设计、控制，强调制作成本的核算，简单的“跟拍法”所带来的随机性、大片比、画面景别变化少、声画质量差等缺点显得愈加突出。应将“跟拍法”与设计拍摄相结合，并且将“跟拍”纳入整个节目的前期策划之中，“跟拍”应该成为精彩瞬间和完美过程的记录方式，而不应用来展示拖沓冗长的流程和拼凑、填充节目的时间。

近年来，影视制作在美学观念和制作方法上相互影响，电视制作借鉴电影制作的经验，电影制作也吸收电视制作的一些方法，有理论工作者甚至提出了“影视合流”的说法。张艺谋导演拍摄的电影《有话好好说》就借鉴了电视纪实节目的拍摄方法，主要采用手持摄像机拍摄的方式，运用斯坦尼康稳定器作为运动摄影的主要辅助工具，目的就是为了追求一种纪实的效果。这部作品的某些段落也运用了电视摄影中常用的“跟拍法”，摄影机随着主人公去寻找、去追逐。

背面角度往往具有一定的悬念效果。事物的背面往往只能表现该事物的一小部分特征，当人们对一个事物的背面发生兴趣的时候，根据人的正常心理反应，也就会更加期盼知道它正面的状况，从而全面地把握一个事物。这种期盼心理往往被创作者用来设计矛盾冲突和推进情节发展，往往会形成“意料之外、情理之中”的戏剧效果。这一点在悬疑、刑侦题材的电影里面表现得较为明显，比如某犯罪分子每次出来作案，画面上都是出现他的背影，到最后，谜底揭开，出现其正面，观众往往会大吃一惊，原来竟是大家认为最没有可能的人。

背面角度具有借实写意的效果，并且立意深刻，它让人们看到的是一个事物背影的具象，但画面却往往表达画外之意。在背面角度中，人物或事物的神情、细节降到次要地位，姿态、轮廓变为刻画人物或事物的主要语言，要注意背影的传情写意，着意刻画人物的姿态、轮廓，并选择提炼典型线条。

第三节 拍摄高度

拍摄高度不同，会影响到画面中地平线的高低、景物在画面中的位置、前后景物的显现程度、景物的远近距离感等。根据拍摄高度变化，人们一般可以把拍摄角度分为平角度拍摄、仰角度拍摄、俯角度拍摄、顶角度拍摄四种基本角度。

一、平角度拍摄

平角度拍摄即摄影机镜头与被摄对象处在同一水平线上，这个角度合乎或接近人们平常的视觉习惯和观察景物的视点。

平角度拍摄所得画面的透视关系、结构形式和人眼看到的大致相同，给人以心理上的亲切感，适合表现人物的感情交流和人物的内心活动。在拍摄实践中，这种角度、高度运用最多，从另一方面来说，平角度是最不容易出特殊效果画面的角度，平角度拍摄的画面往往显得比较规矩、平稳。在拍摄实践中，在主题表现允许的情况下，要大胆变换拍摄高度，这样才能给画面构成带来丰富的变化，对事物的表现才会更加多姿多彩。

图 5-3-1 电影《金刚：骷髅岛》截图

平角度拍摄往往给观众带来客观、真实、自然的感觉，拍摄者主观情感的表达，主要通过对景物的选取、位置的安排、不同焦距镜头的运用、明暗虚实处理、色彩光线处理来完成，角度本身不具有强烈的主观感情色彩。在电视新闻摄影中，比较强调运用平角度拍摄被采访对象，记者的观点和态度不能过多的通过拍摄角度来体现，以维护新闻报道客观、真实、公正的形象。

平角度拍摄需要注意以下一些问题：

首先，要选择、简化背景。平角度拍摄容易造成主体与背景景物的重叠，要想办法避免杂乱的背景或用一些可行的技术与艺术手法简化背景。

其次，要注意避免主次不分。要避免形象平铺直叙，要想办法突出主要形象。

再次，要注意避免地平线分割画面。可以利用前景人为的加强画面透视，打破地平线无限制的横穿画面；或者利用高低不平的物体如山峦、岩石、树木、倒影等，来分散观众视线的注意力，减弱地平线横穿画面的力量；还可以利用纵深线条，即利用画面中从前景至远方所形成的线条变化，引导观众视线进行向画面纵深的运动，加强画面深度感，利用纵向的力量减弱横向地平线的分割力量；此外还可以利用空气介质，利用天气条件变化，如雨、雪、雾、烟等增强空间透视感，弱化画面的平面感，减弱地平线在画面中的作用。

二、仰角度拍摄

仰角度拍摄即摄影机镜头处于视平线一下，由下向上拍摄被摄体。

仰角度拍摄有利于表现处在较高位置的对象，表现高大垂直的景物全貌。特别是景物周围拍摄空间比较狭小时，更可以利用仰拍角度，充分利用画面的深度来包容景物的体积。

当利用广角镜头近距离拍摄被摄物体时，由于广角镜头夸张透视的作用，可以夸张拍摄对象的高大程度，使原本比较矮小的景物显得高大。仰角度拍摄跳跃动作，有夸张跳跃动作高度的作用，它强化了画面的空间透视，往往衬以天空、屋顶等事物作背景，可以使跳跃动作显得轻盈而且有高度很高。当运用广角镜头拍摄时，这种效果更为明显。

图 5-3-2　电影《金刚：骷髅岛》截图

仰角度拍摄往往有较强的抒情色彩，在日常生活中，人们抬头仰视，除了观察一个高大的事物外，都是由于有强有力的吸引，都是伴随着某种心理因素。由于仰角度拍摄改变了人们通常观察事物的视觉透视效果，特别是广角镜头可以突出各种透视变化，使物体变得高大，使动作的力度夸张，这使得仰角度拍摄有利于表达作者的独特感受，使画面中的物体产生某种优越感，在表示赞颂、胜利、高大、敬仰、庄重、威严等方面具有特殊功能，可以给人们象征性的联想、暗语和潜在的意义，具有强烈的主观感情色彩。

仰角度拍摄可以表达正面、褒义、赞颂的主观感情色彩，但是需要大家注意的是，仰角度拍摄代表的感情色彩并不一定全都是正面的、褒义的，在某些场合仰角度拍摄也可以表示反面的、贬义的感情色彩，它可以表示盛气凌人、气势汹汹、飞扬跋扈、威压感、压抑感等感情色彩。

在张艺谋导演的电影《菊豆》中，有一段出殡的场景，菊豆名分上的丈夫金山死后，菊豆和天青要在出殡时挡棺四十九次，摄影师仰拍棺材从他们身上过去，而他们的亲生儿子捧着老头子的灵牌高高地坐在棺材顶上。画面很好的表现了菊豆和天青的心理感受，面对封建礼教、面对自己的亲生儿子，他们承受着巨大的心理压力。

由于仰角度拍摄具有强烈的主观感情色彩，所以在日常拍摄中，切忌滥用。

仰角度拍摄还有利于简化背景，它往往能够找到干净的天空、墙壁、树木等作为背景，将主体背后处于同一高度的景物避开。在实际拍摄中，运用仰角度拍摄往往会结合近距离、广角镜头拍摄，这不仅使画面背景简化，也使被摄对象的高大程度、动作力度得到夸张，有时甚至还会带来一定程度的变形效果。利用广角镜头、近距离仰拍可以使前景物体变得高大，有夸张作用，而背景中的事物在高度上则会有所压缩，在画面中的位置偏下。利用仰角度拍摄突出前景景物的地位，这种方法往往被我们称为“配景缩小法”。

仰角度拍摄使景物本身的线条产生向上汇聚的效果，尤其是使用广角镜头时，这种汇聚趋势会使景物产生一种向上的冲击力，变形效果极为鲜明，具有夸张效果。对于这种变形要进行有效的控制，否则会影响形象的塑造和主题的表达。

仰角度拍摄还可以形成上下景物的对比、联系，贴近画面下方的一个物体仰角度拍摄，可将其上方的某物体包容进画面，可以深化主题，丰富画面内涵。仰角度拍摄往往使地平线处于画面下方，可以增加画面的横向空间展现，使画面显得宽广、高远。如果平行线在画面外，画面往往因为大仰角拍摄，画面形式感加强，空间展现减弱，主观因素加强。

三、俯角度拍摄

俯角度拍摄即摄影机镜头处在正常视平线以上，由高处向下拍摄被摄物体。

图 5-3-3 电影《金刚：骷髅岛》截图

在日常生活中，人们都知道登高才能望远，即所谓“高瞻远瞩”，所以俯角度拍摄有利于展现空间、规模、层次，可以将远近景物在平面上充分展开，并且层次分明，有利于展现空间透视及自然之美。它有利用表现某种气势、地势，如山峦、丘陵、河流、原野等；有利于介绍环境、地点、规模、数量，如群众集会、阅兵式等；有利于展示画面中物体间的相互关系、方位关系等。

陈凯歌导演、赵非摄影的电影《荆轲刺秦王》是一部大制作电影，该片的摄影获得中国电影金鸡百花最佳摄影奖。在该片中既有气势恢弘的古代战争场面，也有规模巨大的宫廷内部杀戮场面。其中有一段嫪毐谋反，他带领自己的门客意图刺杀秦王嬴政，可是嬴政事先已经有所预知，并进行了相应的准备，结果嫪毐等人中了嬴政事先设下的埋伏，被众多秦兵四面包围，最后所有谋反的门客被尽数射杀。这一段落，陈凯歌导演共调动群众演员数千人，镜头画面主要采用俯角度拍摄，表现双方的对峙，表现场面的全景。这一段落中第一队秦兵从高高的台阶上步步进逼而下的处理方法，很容易让人想起世界经典影片《战舰波将金号》中的“敖德萨阶梯”。

张艺谋导演也有很多大制作的电影作品，这不仅体现在投资大、场景奇、主打演员身价高、视频特效复杂等方面，也直观地体现在画面拍摄上。在电影《英雄》中“秦军箭阵攻赵国书馆”一段，就有不少大场景画面，让人对秦军的训练有素、秦军的强大有非常直观强烈的感受。对于表现这种大场面全景，无论是采用直接拍摄的方法，还是采用视频特效处理，在视觉角度上必定是采用俯角度展现。

俯角度拍摄与对角线构图相结合，可以充分利用画面空间，充分展示空间纵深感，充分展示纵深线条。俯角度拍摄具有强烈的主观感情色彩，它往往表示反面的、贬义的感情色彩，有时也表示一种威压、蔑视的感情色彩，这与人们在日常生活中形成的心理定势有关。在日常生活中，当我们去俯视一个事物时，我们自身往往处在一个较高的位置，心理处于一种较优越的状态，在某种情况下，如果违反了这个定势，就会给人们带来一种不同寻常的感受。

俯拍角度会改变被摄物体的透视状况，形成一定的上大下小的变形，这种变形在使用广角镜头时更加明显，要注意加以控制。在影视摄影中，我们常常运用俯拍角度造成的变形贬低或者丑化某些事物。

俯角度拍摄还具有简化背景的作用，它可以找到干净的地面、水面、草地等作为背景，可以避开地平线以及地平线上众多的景物。如果拍摄距离比较远，那么不仅背景被简化了，被摄主体的细部也将隐没，只剩下简介的轮廓、线条、色块、图案，具有简化构图的作用。

俯角度拍摄可以造成前景景物的压缩，使前景中的物体在画面中处于偏下位置，显得较小，使背景中的事物处于画面中偏上的位置，显得突出。俯角度拍摄对跳跃动作高度的表现具有压低作用，居高临下的拍摄，使跳跃物体无法摆脱背景中的地面景物，跳跃物体与地面景物重叠、相混相杂。俯角度拍摄使物体的顶面变成可见的，这有助于表现物体的立体形状和体积。俯角度拍摄往往使地平线位于画面上方，可以增加画面的纵深感，使画面显得深远、透视感强，如果地平线处理在画面外，则往往是采用大俯角度拍摄，空间表现指向明确，观众的注意力将被集中在画框之内的空间。

四、顶角度拍摄

顶角度拍摄即摄影机镜头镜头近似垂直地从被摄物体上方自上而下拍摄，这种角度在拍摄中使用的较少，但随着近几年无人机技术的普及，有逐步增大趋势。在日常生活中，人们也较少有这种自上而下的几乎垂直的视觉经验，所以这种角度可以改变人物正常观察景物时看到的情形，画面各部分配置有较大变化，画面效果往往比较奇特，给观众带来的心理感受比较强烈。

顶角度拍摄有利于强调人物、景物造型上的图案变化，它往往用来展现平面上组成的某种图案的美感，如展现花样游泳比赛造型、展现舞蹈造型、展现大型团体操造型灯。

顶角度拍摄还可以造型被摄物体上下部分大小的悬殊比，物体形象由上到下急剧收缩，可以造成较大的物体影像变形，视觉效果独特；顶角度拍摄可以让观众居高临下，获得某种心理上的优越感。

顶角度拍摄具有化立体为平面的作用，被摄物体周围的空间被大大压缩，物体的顶面成为最突出的部分。远距离顶角度拍摄可以避免难以表现的杂乱、细小线条，并以宏观气势、大的线条脉络取胜，具有形成单纯构图的作用，还可以将繁杂景物化为统一的色块、单纯的线条、深沉的影调，这一特点在航拍中体现的更为明显。

图 5-3-4　顶角度拍摄

中央电视台在 1998 年开始就运用顶角度拍摄了《改革开放二十年》系列片的第一集《飞越神州》，片长 50 分钟完全采用航拍，拍摄了我国除香港特区、澳门特区、台湾地区之外所有的省、直辖市、自治区著名风景名胜、文化古迹等，开创了我国电视航拍的多项纪录，许多画面拍摄的非常壮美。这部作品在航拍方面进行了大胆的尝试，带动了全国各省级电视台的航拍之风，积累了大量的拍摄经验。《飞越神州》的航拍在三个方面特点突出：第一，大量采用超低空飞行，飞机常常是在山谷、楼宇之间穿行，或者是贴近地面景物飞行，给画面带来了强烈的动感；第二，大量采用早晨和黄昏的光线拍摄，这时光线色彩感较强，明显偏暖色调，光线的入射角度低，使景物影调、层次丰富；第三，主要采用环绕飞行的飞行方式，以某被摄物体为中心进行环绕飞行拍摄，使画面具有良好的动感，有时飞机不能环绕飞行，摄像师还有意地将摄像机进行一定的旋转进行拍摄，有意思的是，在《飞越神州》的航拍中，对于全国各地的拍摄都是采用逆时针的拍摄旋转方向，唯独对于首都北京的拍摄采用了顺时针的旋转方向。

在国外的影视作品中，在纪录片航拍方面作出杰出贡献的一部片子是法国导演雅克·贝汉的《鸟的迁徙》，该片记录了各种候鸟为了生存而艰难迁徙的历程，各种鸟类在向梦想天堂迁徙的过程中，面对各种艰难环境，所表现出来的勇气、智慧和情感，为我们呈现出一个神奇的世界。该片主要采用热气球、动力伞进行航空拍摄，由于事先对鸟儿进行了饲养、训练，摄制组成员和各种拍摄用鸟建立了良好的关系，从而为他们在空中和鸟儿一起飞翔并完成拍摄扫除了障碍。这部影片使得影视工作者第一次能够和鸟儿一起翱翔蓝天，并且能够在同步飞行中进行影像记录，同时，还能够使观众从鸟的视点感受大千世界。

第四节　角度处理

一、影视摄影角度运用中应注意的问题

在影视摄影中，我们往往遵循这样一条规律：叙事内容、叙事结构决定人物的动作和

形体关系(站着还是坐着)，而人物的形体关系、人物的动作、人物的位置决定着摄影机的角度。

常规方法，如果一个双人对话场景，其中一人站立一人坐着，那么对站着的人必然是仰拍，对坐着的人必然是俯拍。如果两人谈话的人形体一致，比如，都是坐着或者都是站着，那么对两个人的拍摄角度就要一致，平拍都平拍，仰拍都仰拍，这样才能体现谈话的平等关系。如果对两个谈话者之一进行仰拍，对另一个进行平拍或者俯拍，那么被仰拍者就成为谈话的重点。如果对两个谈话者之一进行平拍，对另一个进行俯拍，那么被平拍者就成为谈话的重点。

在每一场景的拍摄中，要根据空间关系、光线要求、戏剧叙事内容确定拍摄主角度。主角度是指拍摄场景中视觉效果最佳、空间关系最明确、光线效果最鲜艳、任务场面调度最清楚的全景拍摄角度，又称总方向、总角度。主角度的确定可以使场景空间关系得以准确表现，各种镜头之间视觉效果得以相互统一。

在实际拍摄时，首先要拍摄主角度机位的画面，再以此为总方向拍摄其它分切镜头画面。

创作风格影响角度的确定。影视作品的主要内容、导演摄影师的主观设计、拍摄过程中的技巧处理决定作品的最终风格，或者平实沉稳，以平角度拍摄为主，或者华丽多变，追求角度的丰富变化，变换多种角度。如果想通过角度的选择体现作品的整体风格，往往需要在摄影当中以某一种角度为主，形成一定的角度趋势，对某一种角度的画面进行有机排列和突出使用。如电影《新龙门客栈》采用了大量的仰角度拍摄，夸张了人物动作、景物透视关系，形成了鲜明的作品风格。

二、影视视点

在绘画和固定图片摄影当中，画面所体现的基本上永远是画家和摄影家的视点，所反映的主要是画家和摄影家的视觉感受和审美情感。在影视作品当中，画面所体现的视点是多方面的，它不仅可以是创作者的视点，还可以使主要人物的视点，有时还是某一特定对象的视点，不仅可以反映创作者的视觉感受和审美情感，还可以反映影视作品中人物的特定视觉感受和心理反应。视点不同往往会带来不同的理解效果，其心理感受完全不同，它往往体现着“谁在看”、“怎样看”。

一般来说，我们常常将影视作品中的视点分为三类：客观视点、主观视点、主客观结合视点。由客观视点拍摄的镜头被称做客观镜头，由主观视点拍摄的镜头被称做主观镜头，由主客观结合视点拍摄的镜头被称做主客观结合镜头。

客观视点相当于文学创作中的第三人称，是对被摄对象进行客观纪实性摄录，这种视点是以看不见的旁观者眼光来看发生的事件、人物，它不体现任何个人的视觉感受和审美情感，摄影机面前的人和事物都按照自己的逻辑而发展、变化，不与摄影机发生交流。采用这种视点拍摄，一般要尽量符合人正常的视觉心理感受，常常采用与人等高的机位、标准光学镜头、平角度拍摄，较少采用大俯与大仰拍摄，较少采用变形较大的广角、长焦镜头拍摄，被摄主体也都安排在画面几何中心、画面趣味中心的位置。在电视纪实类节目的拍摄中，强调按照客观视点的要求进行拍摄，形成客观记录、真实再现的效果。在影视艺术作品当中，客观视点拍摄的镜头画面也是占绝大多数的，只有这样才能与观众的客观旁观心理相结合，让观众了解事件、人物的基本情况。从客观视点拍摄的画面被称做“客观镜头”，“客观镜头”追求一种自然真实的效果，画面效果往往与人眼正常的视觉效果相接近，不对被摄事物作变形的处理，不作过多的评价。

主观视点是指影视节目中拍摄、表现的人物视点，它仿佛是文学创作中的“第一人称”，往往体现着剧中人物的视点，反映着视点拍摄的镜头被称做“主观镜头”，主观镜头中的画面形象，与其说是作品中人物看到的，还不如说是作品中人物感受到的。由于观众总是处于一种看不见的“窥探”状态，主观镜头可以使观众的视点与作品中人物的视点相统一，使观众产生身临其境、感同身受的心理体验。对于主观镜头的拍摄，要根据它所代表的人物视觉心理感受为准，或正常或反常，或欢喜或悲伤，或恐惧动荡或安静平稳。如姜文导演的电影《阳光灿烂的日子》中，马晓军和刘忆苦闹翻后，受到了同伴们的孤立，导演和摄影师利用马晓军在游泳池跳水、游泳这一段来表现他当时的心情，其中专门水下摄影机从马晓军的视点拍摄了一组镜头，这都属于主观镜头。一般来说，在主观镜头出现之前，前面会有客观镜头交代主观镜头所代表的被摄人物，或者通过声音解说进行交代。

在影视拍摄当中，一个镜头还可以体现剧中人物主观视点和旁观者视点相结合的视觉感受，有时在同一个镜头之中还会有主观视点和客观视点之间的转换，比如刚开始是主观视点，后面转成客观视点；也可以刚开始是主观视点，后面转成客观视点。在电影《英雄》的结尾处，秦王最终还是忍痛下达了射杀“无名”的命令，无名平静地面对着满天密密麻麻向自己射来的箭矢。这个画面就属于主客观结合的视点，既能让观众强烈地体验到“无名”的视觉感受，又能够客观看到当时的情景。

第六章　镜 头 运 动

第一节　镜头运动的概念与特征

在讲述本章内容之前，我们不妨先大胆假设，如果一部影视作品只有固定镜头，没有一个运动镜头，会是什么样子？你还有兴趣走进影院去观看吗？

笔者的答案是：那不如去看舞台剧或摄影展好了，影视作品对运动画面的依赖就像摄影对光的需求、话剧对声音的依赖。摄像是表现运动过程的艺术，运动画面是电影区别于其他艺术最根本的特征。尽管电影诞生之初是以固定的舞台演出为视点进行拍摄，并没有完全脱离戏剧表演的影响。然而当《火车进站》这部短片中观众被一列火车由远而近的运动惊吓得从座位上站起来落荒而逃时，就意味着影视作品中的运动能让观者获得与欣赏美术作品和舞台剧完全不同的代入感。随着摄像机的轻便化和一体化，运动镜头在影视作品中得到广泛应用，即使在电视艺术作品中，镜头的运动也是屡见不鲜。运动镜头所创造出的形式美感和视觉节奏及其所具有的深刻蕴涵，都是固定镜头所无法比拟的。可以说，运动镜头的使用发掘出了电视摄像艺术的无限潜力。伴随科技的发达，运动摄像的形式只会更加多样复杂、运用范围更加宽泛。

一、镜头运动的概念及分类

影视艺术作品的镜头中少不了这种或那种运动着的画面，从而使我们从丰富多样的角度看到了事物时刻的律动和大千世界的缤纷运动。那么，影视运动摄像到底是指画面里事物的运动还是画面外摄像师对机器的运动呢？

我们把影视画面的运动分为两种：画面内部的运动和画面外部的运动。

画面内部的运动一般指画框内的人、物、光影等内容的移动或变化，摄像师可以只是客观记录，很少进行调度或影响。

画面外部的运动一般指摄像师通过各种运动或处理让画面内容呈现的角度、距离和方式上的变化。这种变化可以通过以下两种方式实现。

一是通过后期对画面的剪辑来间接实现摄像机视点和机位的运动。也就是说将一组景别不同、机位各异的镜头按照镜头组接的规律和叙事的发展编辑到一块，代替摄像机的运动。比如：一个人物在沙漠中迎面走来，从正面俯视的远景切到斜侧的近景，代表摄像机正在慢慢接近和观察这个人物，实现了摄像机的运动。

二是通过拍摄时直接变动摄像机机位或光学镜头焦距，实现画面景别、角度的变化。例如拍摄一个人掉东西到地下，我们直接将摄像机镜头摇到地下，可以很真实地模拟这个人掉东西后视线的运动，使观众的视线也随着镜头一起运动。这种运动方式就是本章所要讲述的运动摄像。

通过以上分析，我们可以这样定义运动摄像：在一个连续的镜头中通过改变摄像机机位或角度，又或者变化镜头焦距或光轴后所进行的拍摄方式，称为运动摄像，通过这种方式拍到的画面称为运动镜头或运动画面。

比如摄像师通过轨道推着机器前移或者镜头焦距由短焦向长焦变化的拍摄过程，我们都称之为推摄，得到的镜头称为推镜头。以此类推，根据摄像机或镜头运动方式的不同，一般将运动摄像分为推摄、拉摄、摇摄、移摄、跟摄、升降摄和综合运动。

运动摄像拍摄时包括起幅、运动过程、落幅三个部分。起幅是一个运动镜头中运动前的固定画面，落幅是这个运动镜头中运动后的固定画面，摄像机或镜头在起幅和落幅之间的变化就是一个运动镜头的运动过程。拍摄运动镜头必须规范，起幅、运动过程、落幅都应当明确、合适。

运动过程有速度快、慢和持续时间长、短之分。比如摇摄，既可以在拍风光片时慢摇，也可在拍人物对话时快速摇(通常称为甩摇)。运动过程还分为连续运动和不连续的运动。在推镜头、拉镜头和摇镜头中，运动过程一般是连续的。但也有例外，比如摇镜头中要表现几个注意中心，摇的过程中就可以稍微停顿，这种拍摄手法叫间歇摇。至于移镜头、跟镜头和升降镜头和综合运动镜头的拍摄，运动轨迹和过程就比较复杂，运动方式有时候根据人和物的运动轨迹和速度而定，有时候也可以根据创作意图进行调度。

由于运动过程中有很多的不确定性，补拍难度相对固定镜头也大一些，因此为了后期剪辑的方便，摄影师经常将运动镜头的起幅和落幅拍摄 5 秒甚至更长，一方面可以顺便把起幅和落幅分别当做两个固定镜头使用，多一些素材；另一方面也可在不满意镜头的运动过程时放弃运动过程，直接将运动镜头当固定镜头剪辑。另外，考虑到摄像机启动和锁相时间，应提前开机 5 秒。

二、镜头运动的发展及特征

(一)运动摄像的发展

摄像的诞生比其他艺术都晚，它是建立在摄影基础上的一种“运动摄影”，也是科学技术发展的产物。早期电影阶段，由于摄像机体积庞大、十分笨重，往往只能放在一个地方固定不动，镜头方向也很少移动，光学技术水平不高导致图像质量也不理想，在拍摄上只得采用固定机位、很少有人会移动摄像机进行运动镜头的拍摄。

在影视诞生之初，摄像设备和技术都不成熟，影视画面特别是电视画面大多在演播室搭制的有限空间中拍摄，演播室摄像机与常见的肩扛式摄像机或手持 DV 相比，体积也相对庞大，通常只能作为固定机位拍摄。运动摄像的运用也不够广泛。可以说，摄影器材的小型化和轻便化使得运动摄像成为了可能。运动摄像通过动态地拍摄静止的画面或固定的景物，让电视画面产生了更为“动感”的视觉效果；运动摄像拍摄运动的事物，电视观众还可以从各种角度观察事物的运动。

其实，摄像技术出现的任何一个新趋势，往往都离不开技术设备的更新，比如三脚架、摇摄云台、摄像机托板、减震器的应用，轨道、摇臂、摇控升降机和航拍机使用，这些现代设备保证了运动摄像创作的质量，各电视台演播室、晚会现场、体育赛场及电视文艺作品中开始广泛使用以上器材进行运动摄像的创作。运动镜头数量的增多以及运动形式的丰富成为视觉上区别现代与传统电视艺术创作的重要标准。

而数字技术的发展为运动摄像拓展了更大的空间。由于数字影像的特性和制作设备的良好操作性，以前要花费大量人力物力才能拍成的运动镜头变得更加简便。甚至可以直接用计算机创作出非常规的拍摄手法，制作出全新的运动镜头，使展现在银幕上的时空体系变得更加错综复杂，更加疑幻疑真。

在《骇客帝国》中，尼奥在楼顶躲避子弹的360度环绕镜头，不但表现了整个时空的连续性和完整性，还生动展现了尼奥躲避子弹的技术细节。在导演阿方索·卡隆执导的影片《地心引力》中，大胆运用17分钟的运动长镜头开场，这个镜头也被称为史上最长长镜头，在图6-1-1中，我们可以看到两位宇航员在检修出现问题的太空设备，然后摄像机缓慢地连续性地右移，女宇航员自动出画(图6-1-2)，接着模拟失重状态下随心所欲的视角，让镜头绕过男宇航员背后越轴拍摄，摇至他欣赏太空美景的表情特写(图6-1-3)，画面再慢慢右移，直至画面中充满地球表面的美景，再接着用环摇镜头从360度展示地球的极致美景。让每一个观众都成为了第三名宇航员体验了一把航天之旅。这种运动长镜头不借助数字技术的合成，是不可能完成的。

图6-1-1　《地心引力》两位宇航员在检修设备

图6-1-2　《地心引力》摄像机右移至男宇航员

图 6-1-3 《地心引力》镜头摇至男宇航员欣赏太空美景的表情特写

运动控制系统与计算机结合，可以保证几次拍摄都有相同的摄影机运动效果，并可以控制三维软件中的虚拟摄影机模拟这种运动，再采用数字合成技术将拍摄的不同镜头完美第组接成貌似一个运动镜头的形态。这种多个时空的跳跃联结虽然只是一种人为的虚拟的时空统一，但能将场景与场景、实景与动画结合得天衣无缝，成为令人炫目的运动长镜头。

和以往的长镜头及运动镜头相比较，这种介入数字技术的运动长镜头呈现出一些新的特点：运动镜头本身具有以多视角展示三维空间的能力。我们可以把物质世界比喻为一个立方体，立方体是具有六个面的，在被摄体本身不动的情况下，从单一视角的镜头中只能看到一个面，如果角度适宜，最多只能见其三个面。但数字运动镜头提供了一个使观众不间断地观察立方体其他几个面的能力，可以多视角展示三维的空间。它既强调时间，也强调空间，创造了一个多方位的时空美学。这些特点让摄像师得以继续探索运动镜头的表现力。

（二）运动摄像的特征

运动体现了生命的节奏与韵律，展现运动过程也是摄像艺术区别与其他艺术的本质属性。运动镜头为观众提供了丰富的场信息，不但是关于空间的，也是关于运动主体的。它还原了人类对世界的感知，并且拓展了这种感知。今天，由于要更深入地展现快节奏的生活和复杂变化的社会，运动镜头以各种形态贯穿到电视作品之中。不同的运动镜头有着不同的功能和表现力和作用，我们将其简单划分为以下几个方面。

1. 画面表现的运动性

固定画面也能表现运动，运动画面与它有何不同呢？

固定画面表现的运动多是画面内事物的运动，比如一头狮子正在奔跑等，它让摄影机处于静观的位置，不参与到场景中，具有不做任何引导和评价的客观性。但电视画面有画框的限制，如果用固定画面表现，这头狮子很快就出画了。运动画面最大的特点是突破画框的限制，让画面框架运动起来，在《马达加斯加 2》中，镜头分别从前面、侧面、后面进行跟拍，这头狮子虽然一直在奔跑，但仍然出现在画框中，狮子跑过时旁边的景像不停变化，环境交代不仅更完整，画面构图和角度也丰富，使整个运动过程充满紧张感，带来强烈的视觉冲击和不一样的审美效果。

图 6-1-4　侧跟狮子追赶汽车

图 6-1-5　后拉镜头表现汽车急速行驶，离奔跑的狮子越来越远

不仅如此，在交代故事发生的背景环境，描述简单的画面空间时升降摄和移摄都能强调纵深感，介绍性更强。急速的拉摄强调狮子奋力奔跑也赶不上急速行驶的汽车，后跟摄建立视觉的节奏感，运动画面的镜头语言比起固定画面更丰富多彩。运动画面使画面内不动的物体产生了运动，使运动的人和物有相对稳定的画面表现，在视觉呈现上具有独特的表现魅力，越来越多创作者在作品开始、发生冲突和结束等关键时刻会用到。

2. 时空表现的完整性

绘画和摄影等艺术形式与摄像艺术最大的区别在于前者只能表现动态，故称瞬间艺术，它们都不能表现对象的运动过程。而摄像不仅能表现事件的空间变化，还能展示时间的延续，所以它不仅是空间艺术也是时间艺术，称为时空艺术。运动镜头在表现时空方面有着非凡的创造力，它能够创造视觉空间立体化的幻觉，调动观众的想象，造成观众介入画面事件、冲突的视觉感。在 BBC 的系列纪录片《人类的旅程 I》中，记者用航拍表现非洲大草原的地理环境(图 6-1-6)，用移镜头表现大地的辽阔(图 6-1-7)，用升镜头先观察动物的活动和活动的背景(图 6-1-8)，一段跟镜头之后，摄像机纵向摇下来，我们终于看到了片在的主角——人类(图 6-1-9)，这种运动镜头的代入把观众一下拉到非洲、拉到史前，感受人类祖先的生存状态。

图 6-1-6

图 6-1-7

图 6-1-8

图 6-1-9

运动摄像能让前后两个戏剧元素完整有机地联系起来，既表现动作的细节，也展现动作发生时场面的规模。当电视画面想讲述人物与空间的关系、人物与人物的关系，比如要表现一栋居民楼里的居住情况和邻里关系时，可以通过升降摄对着楼上楼下的窗户进行升降拍摄，简单明了地完成了所有主要人物与空间关系的交代。

因此每一个画面的运动都需要赋予灵感和艺术创造，它是拍摄团队对于叙事空间和时间关系的独特诠释。

3. 视觉感受的真实性

速度合适、调度准确的运动长镜头具有不打破事件完整性而保持合适距离的感觉，无剪辑具有时间真、空间真、过程真、气氛真、事实真的特点，排除了一切作假、替身的可能性，具有不可置疑的真实性，可以很好地客观描述主体情况与事物细节，已形成一种逼真的纪实风格，反而更加接近真实的艺术。它是一种潜在的表意形式，避免严格限定观众的知觉过程，注重通过事物的常态和完整的动作揭示主旨。

例如在《2008 年北京奥运会开幕式》直播中，《画卷》部分要表现的是中国绘画艺术

“以形写神”的风格。由于LED显示屏的画卷尺寸非常大，既要表现整幅画卷传达出来的“神韵”，又要表现舞蹈演员在画卷上边舞边画的“形体”。如果用固定镜头拍摄，只能在两极景别中切换，会破坏过程美，于是导播用了大量综合运动摄像来表现，通过升降摄和移摄展现画卷上的浓墨重彩，再慢慢在高空中推进拍摄画卷上的演员，用侧跟和移摄从各个角度表现舞蹈演员作画时动作的流畅(图6-1-10至图6-1-13)。演员现场作画时肢体语言的优美因为没有剪辑而显得完整真实，升降摄立体化地呈现了画卷上的风光，营造的艺术氛围感染着观众，加上古琴的声音一直没有间断，产生了一种真实、自然、生动的效果，其镜头语言与我国国画艺术注重下笔要行云流水的风格一致。

图6-1-10

图6-1-11

图6-1-12

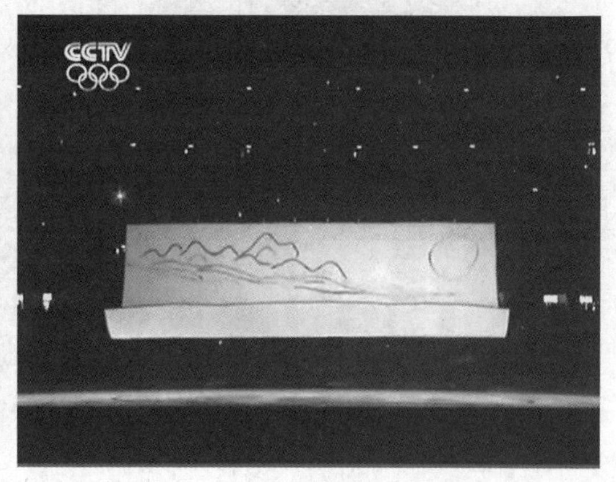

图6-1-13

4. 心理体验的一致性

事实上人视线能注意到的内容大于电视画面的画框，运动画面能真实地模仿人在生活中观察事物和世界时的运动过程，表现很多人的主观视点，带有很强烈的主观能动性，也可以突出表现人物的内心世界，波动的情绪，引起观众的心灵联想，从而创造特定的情绪与氛围。比如用手持摄像拍摄不稳定的后跟镜头可以很逼真地还原跟踪者跟踪一个人的场景，也可以表现被跟踪的人发现后害怕、奔跑自救的场景，从而营造画面的紧张感。

在《刺客联盟》中，在表现韦斯利被陌生人追杀(图 6-1-14、图 6-1-15)，表达生活中无奈压抑的情绪(图 6-1-16、图 6-1-17)，通过大量跟拍子弹运动的主观视角进行拍摄，带给我们在生活中不可能体验的视线效果。在这些镜头中，子弹能拐弯做曲线运动，穿过任何导演想联系上的人和物，最后落到主体上，堪称表达远距离射击及枪战镜头的经典。而当韦斯利得知自己被组织利用并杀死自己的亲生父亲时展开的老鼠计划时，导演用跟拍老鼠的超低视角展现整个环境，显得恐怖而刺激。最后搏斗片段的快速移动镜头则让影片打斗环节节奏紧张而富有变化。

图 6-1-14

图 6-1-15

图 6-1-16

图 6-1-17

有些移动镜头所产生的视觉效果，被直接反映到人类最隐蔽的核心大脑，影响人的心理情绪，等于摄影直接参与了剧作，在悬疑片和恐怖片中得到大量使用，后面我们会一一讲到。

运动摄像的类型和功能是一个永远讲不完的话题，随着科技的发达和审美的变化而不断被创作者们探索和实践着，它的特征和表现功能有无数个可能性，不应该也不可能被固定。技术是艺术演进的催化剂，运动摄像是一种造型手段，但手段本身不能抚慰、震撼人的心灵，艺术中的美和诗意才能拯救人的灵魂。运动摄像不能仅仅停留在表层上，制造纯粹的视觉奇观，而应当作摄像师的造型语言，反映摄像师的思想活动：你想对观者表达什么？简而言之就是要为主题服务，能够表达某种思想和意念，而非盲目的想用就用，没有规律的乱用，用得越多越好。

运动摄像创作的现场拍摄难度比固定镜头大，摄像师对运动过程中出现的人物布局、画面构图、光线明暗、色彩配置、摄像机调度都要有所预判和准备。一旦有任何不满意，需要重新创作，有时候完成后很难修改，创作过程的一次性要求摄像师有较高的艺术修养，丰富的拍摄经验，敏锐的思维，判断的果断，还要善于临场随机应变。初学者对运动摄像的驾驭能力不够，在拍摄时最重要的是培养意识、一种艺术感和空间想象力，养成良好的拍摄习惯，不能操之过急，一味追求画面动感。

第二节 推 拉 摄

推摄和拉摄是运动摄像中最基本的形式和常用的手法之一。两者镜头的运动轨迹正好相反。

一、推摄

推摄是摄像机向被摄主体的方向推进，或者变动镜头焦距使画面框架由远而近向被摄主体不断接近的拍摄方法。用这种方式拍摄的运动画面，称为推镜头。

推镜头既可以让摄像机机位向前移动也可以通过短焦变长焦实现，两种方式的区别在于拍摄的画面透视效果不同。使用变焦镜头的方法相当于把主题一部分放大了，景深变了，场景无变化；机器推进的方法相当于人往前走的视角，场景中的物体向后移动，场景大小有变化。相同点在于它们都可以表现环境与人物、整体与局部之间的变化关系，引导观众的注意力到主体上，加强情绪氛围的烘托，使观众有身临其境感。

（一）推镜头的画面特点

1. 形成强烈的视觉前移效果

从画面看来，表现为人的视点随着镜头逐渐向画面推近——场景变小——被摄主体变大——看到的画面由远及近——由全景看到局部。观众能够直接从画面中看到这一景别变化的连续过程，与固定画面剪辑的效果不同。比如，推镜头中从一个房间全景到窗边杯子的特写可以在一个镜头里完成，而不必像固定画面中那样由全景镜头跳接到一个特写镜头。在电视新闻的拍摄中，如果记者带着理性材料一起做出镜报道，通常先用固定中近景镜头拍摄记者的发言，再将镜头推到记者手上材料的具体细节处进行证实。（图 6-2-1，图 6-2-2）

图 6-2-1

图 6-2-2

2. 有明确的拍摄主体目标

推镜头不论推速是缓还是急，也不论推的时间是长还是短，总体可以分为起幅、推进、落幅三个部分。推镜头画面向前运动，既非毫无目标的，也不是漫无边际的，而是具有明确的推进方向和终止目标，即最终所要强调和表现的被摄主体在拍摄者脑海中已经确定，然后根据这个主体决定镜头的推进方向、速度和最后的落点。比如，在中央电视台《每周质量报告》的一期节目《聚焦浙江奉化楼房倒塌事件》中，记者为了表现还有很多危楼没有及时修缮，从一座楼房窗户旁边的开裂的墙壁作为起幅，一直推到裂痕的特写作为落幅，很明显裂痕是推进之前就已经明确了要表达的主体。

图 6-2-3

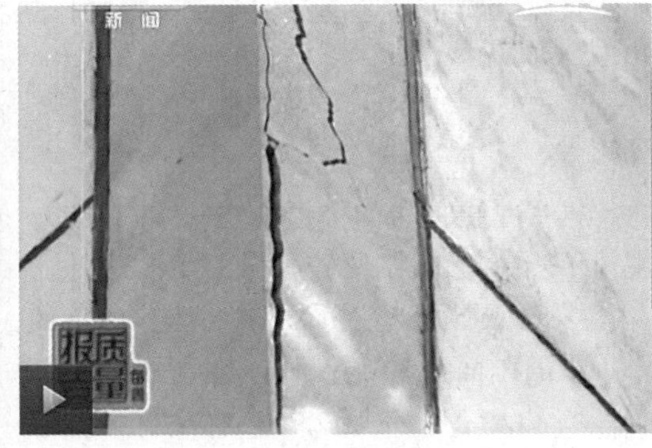

图 6-2-4

3. 被摄主体由小变大，场景由大变小

随着镜头向前推进，被摄主体在画面中由小变大，由不甚清晰到逐渐清晰，由所占画面比例较小到所占画面比例较大，甚至可以充满画面。与此同时，主体周围所处的环境由大到小，由所占较大的画面空间逐渐变成所占空间越来越小，甚至消失“出画”。比如，在拍摄中国登山运动员成功地攀登上珠穆朗玛峰的顶峰时，画面一开始是运动员脚踏皑皑雪山、背倚蔚蓝高天、站在国旗旁边的大全景画面，这时运动员特定的环境是清楚的，但运动员的面部表情并不十分明晰；然后用推摄向运动员的面部推去，直至特写，从画面中我们看清了运动员干裂的嘴唇、冻红的脸庞和喜悦的神情，但是随着镜头的推进，环境中的雪山、蓝天和国旗都基本退出了画面。

（二）推镜头的功能和表现力

1. 突出主体和主题

推镜头在将画面推向被摄主体时，画框取景范围由大到小，主体部分越来越大甚至充满画面，陪体和环境不断被“挤”出画外，具有突出主体的作用，从而揭示主题。

推摄时镜头向前运动的方向性有着较强的“引导性”，观者被“强迫”按照摄像师的创作意图观看被摄主体，因此是主观镜头中常用的手法。画面框架向前运动同时也符合一个运动中的人物对身边环境、景物关注的视点关系。推镜头的落幅的构图比较讲究，被摄主体往往处于画面中比较醒目的结构中心位置，给人以鲜明强烈的视觉印象。观众很容易就领悟到画面所要表现的主要人物和意义是什么。

比如，柴静主持的栏目《看见》专访林书豪那期节目中，很多照片资料图片(图 6-2-5，图 6-2-6)采用推摄的方式拍摄，既突出主角，又能让静态的画面显出动感。

图 6-2-5

图 6-2-6

在节目中，我们通过资料可以看到一次新闻发布会现场，林书豪发言时，记者用了一个推镜头，从全景画面推向林书豪回答提问的特写画面(图 6-2-7，图 6-2-8)，突出了他的表情，调动粉丝的情绪。

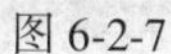
图 6-2-7

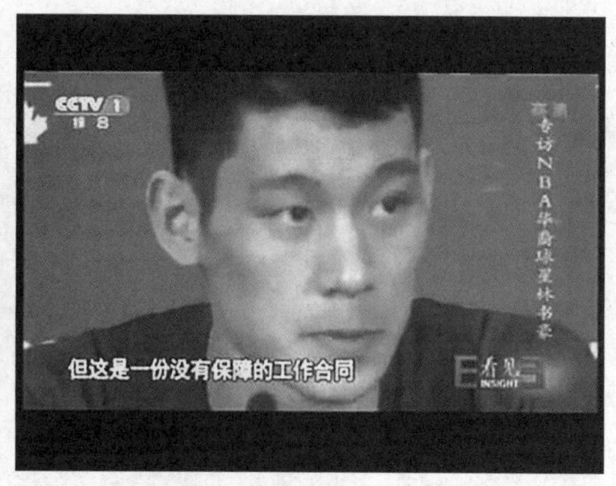

图 6-2-8

新闻发布会结束后有时会安排自由采访，这期间重要人物被众多新闻记者的簇拥包围，几乎“淹没“在众人之中，现场环境通常人头攒动，摄影师可以推到采访对象的特写保证画面的简洁(图 6-2-9)。

2. 突出细节和重要的情节因素

细节与事物整体的联系是单一特写画面所不能交待清楚的。推镜头能够从一个较大的画面范围和视域空间起动，逐渐向前接近这一面面和空间中的某个细节形象，这一细节形象的视觉信号由弱到强，并通过运动所带来的变化引导观众对这一细节的注意。在整个推

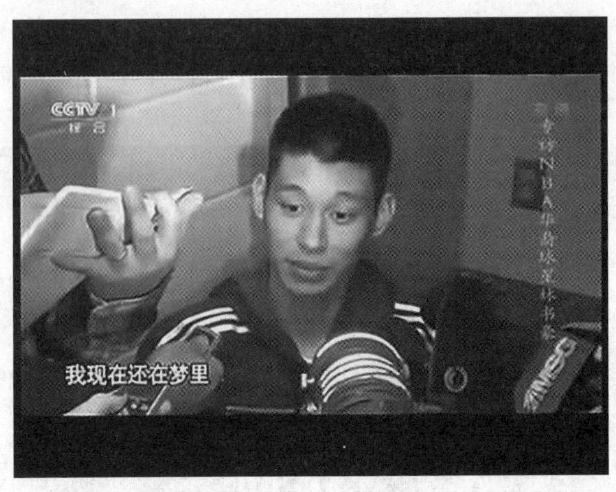

图 6-2-9

进的过程中，观众能够看到起幅画面中的事物整体和落幅画面中的有关细节，弥补了单一的细节特写镜头“放大局部、忽略整体”的局限。在体育比赛的直播现场，如果有球员进球了或丢球了，镜头往往会推至球员的近景或特写(图 6-2-10)，通过球员的表情和细微动作反映他们的心理。当场上球员发生肢体动作时，镜头也会推上前看看双方是否有犯规行为(图 6-2-11)；推镜头将细节形象和特定的情节因素在整体中放大，镜头语言直接清楚。

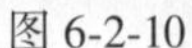

图 6-2-10

图 6-2-11

在中央电视台新闻频道《芦山 7.0 级地震特别报道》中，我们可以看到很多记者连线的场景。连线时现场摄像师首先会拍摄一个出镜记者的中近景，然后随着出镜记者的手势指引推向记者身后的事发地点，比如拍摄连线记者谢宝军的一条关于山体爆破的片段时，镜头随着谢的手势推向他身后远处准备实施爆破的山体，随着连线的结束而拉回到记者面前做总结。

图 6-2-12

图 6-2-13

拍摄一些不愿意面对镜头的重要人物时，从全景推动大特写画面，清楚地告诉观众他的情绪，是真的高兴还是假的，都能从眼神中折射出来。摄像师在现场通过锐利的目光和有力的造型表现形式，能为新闻报道提供重要的能够说明问题的细节形象和情节因素。

3. 形成连续前进式蒙太奇

前进式蒙太奇组接是一种大景别逐步向小景别跳跃递进的组接方式，对事物的表现有步步深人的效果和作用。比如，从跳孔雀舞的舞蹈演员的全景画面跳接中景画面再接模拟雀翎的手部特写画面，就是一个强调优美的手部造型的前进式蒙太奇组接。推镜头也是画面空间从大到小，向前递进。但它还具有前进式蒙太奇组接所不具备的特点，即推镜头画面景别不是跳跃间隔变化而是连续过渡递进的。它的重要意义在于保持了画面时空的统一和连贯，消除了蒙太奇组接带来的画面时空转换的可能产生的虚假性。影片《生死狙击》的开场即从大景别起幅不间断地由慢到快地向小景别推进，最后落到狙击手的枪口上(图6-2-14 至图 6-2-17)，人物出场方式特别，画面酣畅淋漓，主角与所处环境的联系具有无可置疑的真实性和可信性。

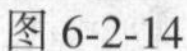
图 6-2-14

6-2-15

4. 推进速度快慢可以影响和调整画面节奏

推镜头用画面外部推的速度影响着画框内的运动节奏。如果推进的速度缓慢而平稳，能够表现出安宁、幽静、平和、神秘等氛围。如果推进的速度急剧而短促，则可显示出一种紧张和不安的气氛，或是激动、气愤等情绪。

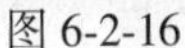
图 6-2-16

图 6-2-17

在《芦山 7.0 级地震特别报道》的第一个镜头就是从一个世界地图快速推到中国四川省的地理位置，闪动的红点营造一种突发事件的“场信息”，令观众紧张、担忧，表达新闻“变动正在发生”的镜头语言。尤其是是急推，被摄主体急剧变大，画面从稳定状态急剧变动继而突然停止，爆发力大，画面的视觉冲击力极强，有震惊和醒目的效果，具有一种揭示的力量。在影片《超凡蜘蛛侠 2》中就有多处镜头跟随蜘蛛人从高楼上纵身一跃而下，再加上 3D 技术给观众强化了这种“跳楼”般的强视觉刺激，让恐高和有心脏病的人着实害怕。

图 6-2-18

图 6-2-19

可见，对推镜头推进速度的不同控制，可以通过画面节奏反映出不同的情感因素和情绪力量，引发观众们相应的心理感受和感情变化。

5. 加强或减弱运动主体的动感

摄像师对迎着镜头方向而来的人物采用推摄，画面框架与人物形成逆向运动，即画面向着迎面而来的人物奔去，双向运动使得它们在中途相遇，其画面效果是明显加强了这个人物的动感，仿佛其运动速度加快了许多。电影《生死狙击》中有段主人公开车的镜头，就是采用这种手法进行拍摄，运动速度感明显加快。（图 6-2-20 至图 6-2-23）

图 6-2-20

图 6-2-21

图 6-2-22

图 6-2-23

反之，对背向摄像机镜头远去的人物采用推摄，由于画面框架随人物的运动一并向前，有类似跟镜头的效果，使向远方走去的人物在画面的位置基本不变，因而就减缓了这个人物远离的动感，仿佛有一种不舍其去的挽留之意。

6. 表现特定的涵义或转场

在电影故事片和电视剧中，推镜头将画面从纷乱的场景引到具体的物品，通过画面语言的独特造型形式突出地刻画那些引发情节和事件、烘托情绪和气氛的重要的戏剧元素，从而形成影视所特有的场面调度和画面语言。在电影《僵尸肖恩》中，电话从画面角落里不起眼的陪体被推至特写(图 6-2-24、图 6-2-25)，给主人公肖恩因为没有重视女朋友的电话留言而导致分手的情节埋下伏笔。在另外一些恐怖题材影视作品，比如《贞子》中，镜头通过推进瞳孔到另一个世界的方式实现转场，还有些影片会通过推进瞳孔让剧情进入人物的过去时空中。

图 6-2-24

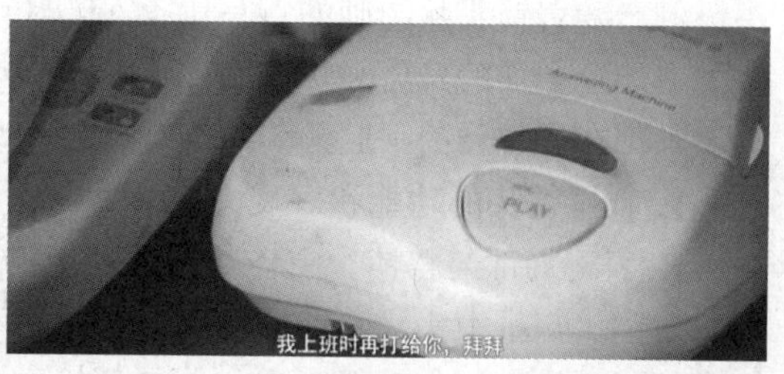

图 6-2-25

(三)推镜头的拍摄要领

(1)确定拟表现的主体，镜头的表现意义。

(2)在起幅、推进、落幅三个部分中，落幅画面是造型表现的重点。

(3)起幅和落幅是固定画面，最好持续2~3秒及以上，画面构图要考究。

(4)推进的过程中，构图上应始终保持拍摄主体在画面的中心位置。

(5)推进速度要与画面内的情绪和节奏相一致。

(6)焦点要实，在移动机位的推镜头中，画面焦点要随着机位与被摄主体之间距离的变化而调整。

(四)推镜头拍摄时应注意的事项

(1)落幅的主体在镜头拍摄范围内很清楚地呈现，开拍前可以反复试推。

(2)正式拍摄时推进的过程一气呵成，中间不能停顿，更不能来回推拉。

(3)推摄时如果用变焦距的方式，因为镜头运动的范围受变焦倍数所限，因此只能在一段距离之内实现对运动主体的动感加强或减弱的修饰。

(4)避免晃动，焦距越长越容易引起晃动，需要依托三脚架、轨道车或自行车等其他让摄像机匀速前进的道具。

二、拉摄

拉摄是摄像机逐渐远离被摄主体，或变动镜头焦距使画面框架由近至远，与主体拉开距离的拍摄方法。用这种方法拍摄的渐行渐远的视觉画面称为拉镜头。

拉镜头将背景空间拉向远方，视点远离被摄主体，使观众产生距离感的心理反应。由于拉镜头展示的是由局部到整体的空间关系，因此可以作为转场的过渡镜头。

(一)拉镜头的画面特点

1. 形成视觉后移效果

从画面看来，表现为人的视点随着镜头逐渐向后运动——场景变大——被摄主体变小——看到的画面由近及远——由局部看到全景。比如说，从一名厨师炒菜的特写拉成厨房大全景画面，拉镜头中从特写到近景、中景、全景、大全景等不同景别画面的转换过程是连续可见的。

2. 被摄主体由大变小，周围环境由小变大

随着拉摄的过程画面表现的空间逐渐展开，新的视觉元素可以不断“入画”，最终的落幅中原主体形象逐渐远离后视觉信号减弱，还可以演变为新元素的陪体。以上述的拉镜头为例，随着镜头从厨师的特写画面(起幅)拉开，观众在拉出过程中将逐渐看到他烹饪时站在灶台前面的身姿和神态等，在最后的大全景画面(落幅)中，观众看到了厨房很多名厨师都在操作台前一起颠勺，展现出厨房里的壮观、震撼和国人对饮食的重视。

(二)拉镜头的功能和表现力

1. 表现局部与整体、主体与客观环境的关系

拉镜头与推镜头运动的方向正好相反，有着基本相同的创作规律和要求，镜头的功能也有相似之处，比如都能表现主体与环境的关系。在一则新闻中，画面起幅是一支正在纸上写字的笔的特写，随着镜头的拉开，观众看到的是一位残疾儿童正在用左手夹着笔写

字。电视新闻拍摄中摄像师时常用近景交代众多参与者中的重要人物、领导者或权威人士等，然后非常自然地把主要人物拉到整个新闻现场中，既看清该场景中主要的人物，也了解了整个新闻现场，保证了时空的完整性和连贯性，使观众感受新闻“真实的力量”。在中央电视台《道德观察(日播版)》栏目播放的《家有难事》这期节目中，记者在展示一家人坐下来解决矛盾时，坐在镜头远处的老二和镜头跟前的大嫂起了口角之争，这时记者用了一个拉镜头，不仅让吵架的两人同时入画，还让我们看到了坐在两人之间的三位家人表情麻木，一同沉默失声，也不加干涉劝慰，由此揭示这家人对于解决矛盾的消极态度。

图 6-2-26

图 6-2-27

推镜头还有强调全局中有这么一个局部，表现特定环境中特定人物的意味。比如，镜头从寝室的全景推至室友小李，画面语言表达了“宿舍里有室友小李”的意思，强调了“小李”的形象，引申意义是“是小李在，不是其他室友”；而如果镜头从小王的近景拉开，然后出现宿舍的全景，则其画面语言传达出“小李在这个宿舍”的意思，它强调的是这个“宿舍”；引申意义是“小王是在教室里，而不是在家或在图书馆等”。可见，尽管都能表现主体与环境的关系，但侧重点还是有区别的。

2. 改变画面构图形式

拉镜头的取景范围和表现空间从起幅开始不断拓展，新的视觉元素“入画”后与原有的画面主体构成新的组合，使镜头内画面造型元素和结构发生变化，形成各种不同的画面构图，带来新的含义。比如画面起幅是一名记者正做报道，拉开后是一个事故的现场，继续往后拉，出现一家人正在看这个电视节目，这样，看似对这则报道的强调转移成了一家人对此事的关注。实际上画面的全部意义是在画面最后出现的特定环境时才完成的，可以看出，拉镜头的落幅画面是揭开画面表现意义的关键之笔。

3. 形成后退式蒙太奇

拉镜头使景别连续由小变大，有连续后退式蒙太奇句子的作用，营造对比、反衬或隐喻等效果。比如一则反映城市儿童缺乏运动场所和游戏绿地的新闻，起幅画面中几个小男孩在街边的一小块草坪上踢足球，周围车来人往，镜头逐渐拉开，远处出现了一个正在施工的高大楼宇的全景画面。在最后的落幅里，前景是几个追来追去的小男孩，背景是显得异常高大的钢筋混凝土建筑。隐含的意义是现代社会的高度发达吞噬着我们简单的快乐。

4. 调动观众的想象和猜测，制造幽默、悲情或惊险的效果拉镜头以局部为起幅，利用观众的"思维定势"调动观众对整体形象的想象和猜测。随着镜头的拉开，主体所处的环境完整呈现，如果与观众的想象和猜测有一定差距，就能制造出始料不及的幽默、悲情或惊险的效果。强烈调动观众情绪。

比如一则洗发水的广告画面的起幅是一头飘逸的长发的特写，随着镜头逐渐拉出，出现了一只狗卧在沙发上的全景，利用拉镜头制造一种幽默的创意表达出了洗发水的柔顺效果。

这种对观众想象的调动本身形成了视觉注意力的起伏，能使观众对画面造型形象的认识不是被动地接受，而是主动地参与。在《西游·降魔篇》中，用了推和拉摄表现鱼妖变成人形的全过程，出乎观众意料，给人留下深刻印象(图 6-2-28 至图 6-2-31)。

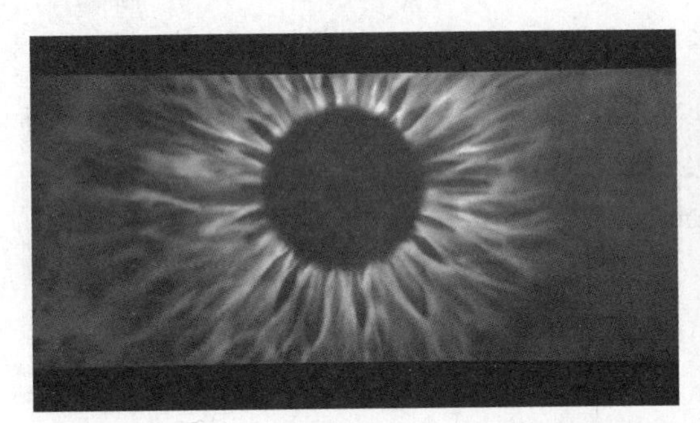

图 6-2-28

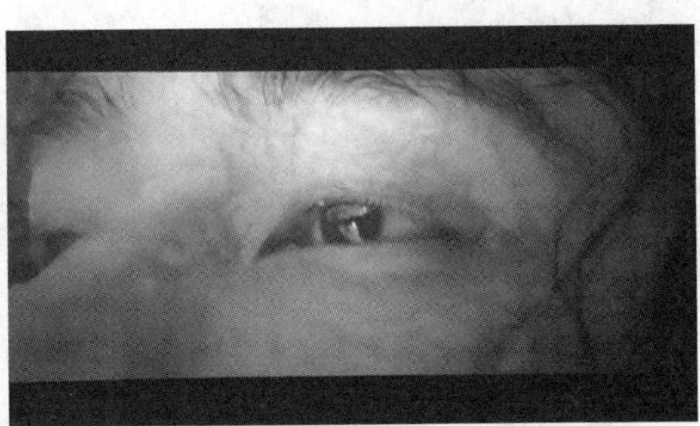

图 6-2-29

图 6-2-30

图 6-2-31

在有些影片中，我们能看到这样的镜头，先是一位老人喋喋不休地啰嗦一些琐事的特写，让人感觉很烦，随着镜头的拉出，我们看到这位年迈的老人原来是坐在老伴墓碑前在自言自语，一种悲凉和孤独感油然而生，令人鼻子一酸。

如果画面的起幅是一只特写的蝉，随着镜头逐渐拉出，出现了一只螳螂，让人一下子对蝉的命运担忧起来。镜头继续拉出，螳螂后面出现一只黄雀，于是螳螂的命运也随之发生变化。再往后拉，出现一个捕鸟的人……这样的拉镜头不仅逐渐扩展了视觉空间，而且随着镜头的拉开不断入画的新形象会给观众一种新的刺激。在李安导演拍摄的《少年派的奇幻漂流》这部影片中，有一个镜头是船翻了，少年跌入海中的场景，导演用电脑技术制造了快速后拉的镜头，完成一种"爆炸"的效果，让我们感受派从高空跌入深渊的无助害怕感，也蕴含着这件事的亦真亦假。

5. 节奏由紧到松，常被用作转场或结束性镜头

拉镜头由于画面表现空间的扩展反衬出主体的远离和缩小，在最终的落幅画面中，主体仿佛是像戏剧舞台上的“退场”和“谢幕”一般，内部节奏由紧到松，与推镜头相比较能发挥感情上的余韵，让观众产生一种退出感、凝结感和结束感。因此常被用作转场或结束性镜头。

比如，要表现主人公在都市回忆去海边生活的转场，就可以作这样的处理：主人公脸部各种表情的特写，往后拉我们正看到女孩在海边拍照的全景画面，下一个镜头是主人公拿起桌上相框的近景，相框内是刚才拉镜头落幅的固定画面，这就是一个转场式的拉镜头。在宫崎骏的电影《千与千寻》中，最后对着隧道入口用一个拉镜头结束了千寻的神奇魔幻之旅。

图 6-2-32

图 6-2-33

(三)拉镜头的拍摄要领

(1)拍摄这个镜头的目的和表现意义要先明确。

(2)落幅是重点，想好落幅的位置、画面构图，让主体最后落在画面中合适的点，而不是拉到镜头动不了就停下。

(3)注意把握镜头拉回的速度应与画面内情绪一致，控制好节奏，保持平稳。一般来说，快速拉回轻松、高兴、紧张、节奏感强，缓慢拉回凝重，意味深远。

(四)拉镜头拍摄时的注意事项

除镜头运动的方向与推镜头正相反外，拉镜头在技术应注意的问题与推镜头大致相同。要注意的是，如果想要迅速拉回，拍出“爆炸”式构图，必须在快门开启时变焦，否则无效果。

第三节 摇 摄

摇摄是指当摄像机机位不动，以三角架上的活动底盘(云台)或拍摄者自身的人体，为轴心进行旋转，连续改变拍摄角度的拍摄方法。用摇摄的方式拍摄的视觉画面叫摇镜头。与我们站着不动，向上下、左右、前后转动头部观察事物的视觉效果相似。

摇镜头的运动形式是多种多样，分为：水平横摇、垂直纵摇、间歇摇、环形摇、倾斜摇、甩镜头。不同形式的摇镜头包含着不同的画面语汇，具有各自的表现意义。

水平横摇：最常见的摇摄，犹如人们转动头部从左往右或从右往左看，多侧重于故事或事件发生地的环境、地形地貌的介绍，或者用大远景速度均匀而平稳地拍摄山群、草原、沙漠、海洋等宽广深远的场面。起幅和落幅画面要停留一段时间，否则给人一种没有结束和不完整的感觉。

垂直纵摇：又称为俯仰摇，犹如人们转动头部从上往下或从下往上看，它可以把高楼、树木等这些纵线条事物通过变换角度完整而连续地展现，形成壮观雄伟的气势。

间歇摇：如果要表现三个或三个以上主体或主体之间的多重联系，镜头摇过每一个主体时减速或有一个短暂的停顿，在一个镜头中有若干段落和间歇的镜头就是间歇摇镜头。

环形摇：摄像机围绕轴心运动至少 360 度的摇摄方式，使被拍摄主体或背景呈旋转效果的画面，这种镜头技巧往往被用来表现人物在旋转中的主观视线或者眩晕感，或者以此来烘托情绪，渲染气氛。

倾斜摇：摄像机做非水平的横摇，倾斜摇的幅度大小根据内容而定，能真实地反映拍摄场或主人公故事发生地本身状态并不稳定。还可以用来表现人物精神错乱、受打击神志不清的景象。

甩镜头：指快速的摇镜头，在一个稳定的起幅画面后利用极快的摇速使画面中的形象全部虚化，画面动感强，与人们的视觉习惯是十分类似的，相当于我们观察事物时突然将头转向另一个事物。多表现两个或多个相距较远的事物的连接，可以强调空间的转换和同一时间内在不同场景中所发生的并列情景。

一、摇镜头的画面特点

(一)摄像机机位不变，拍摄角度有变化

因为机位没变，所以摇镜头的焦距和景深并不发生变化，只是画面框架发生了以摄像机为中心由一点移向另一点。观众的视点也随着镜头“扫描”过画面内容。比如，摇镜头从射击运动员摇到他正瞄准的靶面，就仿佛是观众把视线从运动员转向了靶子。同样是在中央电视台《道德观察(日播版)》栏目播放的《家有难事》这期节目中，调解员与大嫂两人对话协调时，摄像师采用摇摄拍摄大嫂的反应(图 6-3-1 至图 6-3-2)。

图 6-3-1

图 6-3-2

(二)不改变被摄主体的空间关系

摇镜头画面变化的顺序就是摄像机摇过的现实空间的关系，它不破坏或分隔现实空间的原有排列，而是通过自身运动忠实地还原出这种关系。比如，画面从起幅的图书馆向右横摇至落幅的宿舍，那么在现实中的这个角度，也是图书馆在左、宿舍在右的位置关系。拍摄电视新闻时还可以用摇镜头配合记者出镜，清楚反映现场的空间关系。在《每周质量报道》栏目调查浙江奉化楼房倒塌原因那期节目中，出镜记者站在一片房屋倒塌的废墟旁，介绍倒塌的房屋与身边另一旁楼房结构一样，画面这时与声音同步从左摇至右边记者手指的房屋，清楚明白的交代了事发地的空间和楼房倒塌前的样子。(图 6-3-3 至图 6-3-6)

图 6-3-3

图 6-3-4

图 6-3-5

图 6-3-6

(三)迫使观众不断调整自己的视觉注意力

由拍摄者控制的摇摄方向、角度、速度等均使摇镜头画面具有较强的强制性，特别是由于起幅画面和落幅画面停留的时间较长，而中间摇动中的画面停留时间相对较短，因此，摇摄的起幅和落幅犹如一个语言段落中的“起始句”和“结束语”，更能引起观众的关注。

二、摇镜头的功能和表现力

(一)展示空间，扩大视野，包容更多的视觉信息

摇镜头突破电视画面框架的局限，利用摄影机的运动将画面向四周扩展放大视野，在表现长长的条幅翰墨、高耸入云的摩天大楼或某一维度尺寸较大的产品时，如果用全景拍摄，将不能明白地呈现细部特征，如果用较小的景别沿某个方向摇摄，则可以连续、明白地呈现其全貌。不过摇镜头对画面整体形象的追求大于对具体形象的描述，所以横摇和竖摇一般都采用大景别。而对于有些被摄体如长幅会标、旗杆等，可根据物体特征而运用较小的景别，让物体充满画面，将无意义的部分排除在画面之外，达到用小景别出大效果的目的。在《社会纵横》一期《留在他乡的梦想》节目中，主持人用动态方式出镜，摄像师的镜头跟随记者的出镜一同从左摇至右(图 6-3-7 至图 6-3-9)。

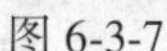
图 6-3-7

图 6-3-8

图 6-3-9

除此之外，摇镜头还很适合在受环境约束的情况下表现物体的全貌。如拍摄一个豪华的餐厅，它虽豪华但面积却并不大，要完整地表现它又受距离的限制，因四面是墙无法往后退的，这时用摇镜头就可以解决。

因为播音员在播新闻稿件时语速要求比播其他类的稿件要快些，而在较短的时间内连续用固定镜头不仅与播音内容在速度上无法合拍也容易造成空间关系的混乱与疲劳。如需逐个介绍嘉宾，还可以采用“间歇摇”法。

(二)介绍、交待同一场景中两个物体的内在联系

本来并不容易引起人们注意的两个物体，如果摄像师把两者分别安排在摇镜头的起幅画面和落幅画面中，就能揭示两个主体的内在联系。也可通过性质、意义相反或相近的两个主体，通过摇摄将它们连接起来，表示某种暗喻、对比、并列、因果关系，如从“禁止吸烟”的标语摇到正在吸烟的人；从幼儿园一个体重偏胖的小孩摇到一个瘦个小男孩；从一片大大的“拆”字摇到众多高楼大厦……这样把生活中富有对比因素的两个单独形象连接起来，所表现的意义远远超出了这两个单独形象各自代表的意义。

另外，摇镜头除了通过镜头摇动使两个物体建立某种联系外，还可通过摇出后面的物体对前面的物体进行进一步说明。比如画面表现一个人走出一个大门后镜头摇起来后出现银行的牌子，画面通过视觉形象明白地告诉观众这个人走出来的是银行而不是别的地方。

(三)表现运动主体的动态、动势、运动方向和运动轨迹

在足球比赛中，经常可以看到运动员奔跑，镜头可以随着奔跑的方向摇动；传球时也会随着球运动的方向摇动。特别是用长焦镜头摇摄，很容易把有不同方向、不同运动速度场面中的人或球从中分离出来，达到突出主体、清楚局势的效果。

(四)对一组相同或相似的画面主体逐渐摇出，可以强化印象，形成一种数量和情绪的累积效果

比如在一部拍摄关于大学生就业的专题片中，有一个在招聘现场拍的摇镜头，从镜头的起幅到落幅，出现在画面上的是不断运动不断重复的求职者，这种摇镜头延长了观众对人山人海的求职者的视觉感受，加深了对“毕业生工作难”的印象。形象地告诉人们，无论是“找工作难”还是“找人才难”，它背后都隐藏着“教育体制”的问题。在纪录片《舌尖上的中国Ⅱ·心传》这集中，摇摄拍出了大面积晒面的壮观感。

图 6-3-10

图 6-3-11

(五)制造悬念，在一个镜头内形成视觉注意力的起伏

摇镜头中落幅画面是重点。摇的过程会调动观众跟随镜头的摆动而变旁观，让观众对即将摇摄出的结果抱有某种猜想和期待心理，达到制造悬念的效果。

(六)表现一种主观倾向性

在镜头组接中，如果前一个镜头表现的是一位警察环视四周，下一个镜头用摇所表现出的房间就是警察所看到的那间房。此时摇镜头表现了人物的视线而成为一种主观性镜头。有时当画面从医院病人身上摇开，摇向病人所注视的窗外的草地，这种摇镜头同样也具主观镜头，表现了病人的视线及渴望健康的心理。

(七)利用非水平的倾斜摇、环形摇、甩摇表现特定的情绪和气氛

比如《少年派的奇幻漂流》这部影片中用很多倾斜摇镜头表现船上的派在大海中晃动的视线。香港导演陈可辛的影片中会运用很多倾斜的摇镜头表现人物内心的动荡、紧张、不确定性，加强了非正常情绪的表现，使观众获得不一样的视觉体验。倾斜摇、甩摇镜头几乎成为他作品的一种风格。在电影《重庆森林》《甜蜜蜜》等作品中都有大量类似的镜头。

图 6-3-12

图 6-3-13

其他艺术作品中表现人物醉酒、吸毒等状态时也会用到倾斜摇。电影《魔警》中镜头对着狭窄的空间环形摇，给人晕眩的感觉，结合其他众多倾斜摇镜头，充分表现主人公精神状态不正常。

(八)画面转场的有效手法之一

摇镜头可以通过空间的转换、被摄主体的变换引导观众视线由一处转到另一处，完成观众注意力和兴趣点的转移。比如从脚手架上的施工人员摇到地面正在分析图纸的工程师，就是从一个场景到另一个场景的转换。影片《少年派的奇幻漂流》中，少年派打赌进入教堂与神父有了第一次交流，镜头用一个摇镜头完成了从他对基督教的一无所有到虔诚地合掌祈祷，将过程处理得非常简洁。

图 6-3-14

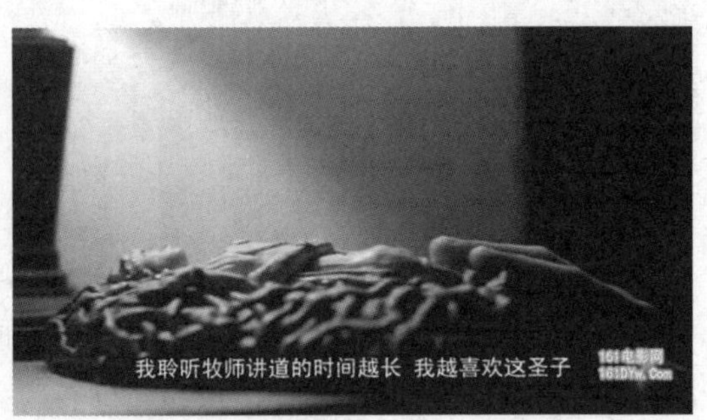

图 6-3-15

图 6-3-16

图 6-3-17

三、摇镜头的拍摄要领

(一)摇镜头必须有明确的目的性

拍摄摇镜头前也需要回答以下几个问题：为什么要摇？要摇出什么物体？两者间有什么关系？摇摄要达到什么目的？实现什么意图？拍摄急摇“甩”镜头则要确定前后镜头是否有联系，形成了怎么的逻辑关系。如果摇镜头的画面没有什么意义和可看性，这种猜想和期待就会变为失望和不满，进而破坏观众对画面的观赏心情。

(二)摇摄的速度应与画面内的情绪相对应

内容决定速度，如果用摇镜头介绍景象、风光、建筑等速度宜慢一些，可以把画面表现得宁静、稳重。如果追摇运动物体时，应注意摇摄速度与动体的运动速度相对应，以造成画面的视觉美感。如果“甩”镜头，其跳跃感不言而喻。

（三）摇镜头要讲求整个摇动过程的完整与美观

摇镜头起幅、落幅的构图要饱满、充实，主体要鲜明突出。与起幅比较，落幅应该是更加重要的部分，是作者希望引起观众注意的事物，尽量将精美的或具有典型意义的场面作为落幅画面。

（四）“甩”镜头拍摄时动作要干脆利落，不可拖泥带水

由于快速摇动摄像机，导致最后的落幅很难挺稳，难度大，有时我们可以采取分段拍摄的方法。先拍一个起幅急速甩摇动作，然后再拍摄一个固定的落幅镜头。还可以拍先一个模糊的甩摇画面，然后接在两个固定镜头中间，调整好时间也能产生类似的效果。

（五）环形摇镜头营造旋转效果

用环形横摇拍摄的画面有营造旋转效果，拍摄时可以沿着镜头光轴仰角朝一个方向摇摄，或者让被拍摄主体与机器几乎处于一轴盘上作360度的旋转进行拍摄；摄像机在不动的条件下，将胶片或者磁带上的影像或照片旋转，倒置或转到360度圆的任意角度进行拍摄，可以顺时针或者逆时针运动。另外还可以运用旋转的运载工具拍摄，也可以获得环形横摇旋转的效果。

四、摇镜头拍摄时的注意事项

（1）不可反复同向或相向摇。

（2）在拍摄时要双脚分开站立，与肩同宽，手握机器站好，必要时也可以双手握住。以腰为分界点，下半身一定要维持不动，拍摄时转动的是腰以上的部分。

（3）当被摄物体远去的时候应该再保持拍摄5秒钟，以保证拍摄的完整性。摇摄的时间不宜过长或过短，一组镜头约10秒左右为宜。

（4）拍摄摇镜头的动作姿势：从感觉难受位置起，舒服位置落。

（5）与被摄物体保持一定的距离，这样即使运动的速度过快，也只需以较慢的速度转动身体就可以与被摄物体同步了，如果觉得过远也可以通过变焦来调节。

（6）以手持机摇摄时，身体一般不需要转动90°，如超过90°，人就会觉得不舒服，会对画面稳定不利。如果摇身的角度达120°以上时，控制身体重心，切忌用碎步转身，否则会加剧机身的摇晃。利用辅助设备一般也不会超过180°，否则人在视觉上会有“晕镜”的感受，除非是环形摇。

第四节　移　　摄

移摄是摄像机沿一定方向移动机位而进行的拍摄。用移动摄像的方法拍摄的电视画面称为移动镜头，简称移镜头。

移动摄像根据摄像机移动的方向不同，大致分为前移动（摄像机位向前运动），后移动（摄像机机位向后运动），横移（摄像机机位横向运动）和曲线移动（摄像机随着复杂空间而做的曲线运动）四大类。

新闻片为了保证真实性和追求时效性，移镜头的拍摄一般由摄像机通过肩扛执机或徒手执机的方式进行，电视艺术片和影视作品中的移镜头为了追求画面的稳定和美感，常常借助于带轮的三角架、铺设在轨道上的移动车进行拍摄，远距离的移动有时还调用汽车、火车、飞机等工具辅助拍摄。

一、移镜头的画面特点

(一)画面框架始终处于运动之中

摄像机的运动使得移镜头的画面框架始终处于运动之中，画面内的物体不论是处于运动状态还是静止状态，都会呈现出位置不断移动的态势，是一种富有动感的镜头。在纪录片《天坛》中，用大量移镜头展示天坛前石阶、石柱上雕刻的龙。

图 6-4-1

图 6-4-2

(二)给观众带来身临其境的感受

生活中我们并不总是处于静止的状态中，有时站着看了蹲着瞄，有时正面看了转到展牌的背面看看，摄像机的移运动直接调动了观众生活中的视觉感受，唤起了人们在各种交通工具上等相对运动状态的视觉体验，使观众产生一种身临其境之感。

二、移镜头的功能和表现力

(一)开拓了画面的造型空间

电视画面是长宽比固定的平面空间，没有立体感。移动摄影能让电视画面造型突破画框的限制，开拓立体感较强的造型空间。比如横向移动在横向上突破这种画面框架两边的限制，画面的横向空间得到无限延伸；前后纵深移在纵深上突破了屏幕的限制，直接通过运动导致空间透视上的变化，让画面空间变得立体。

摄像机不停地运动，每时每刻都在改变观众的视点，在一个镜头中构成一种多景别、多构图的造型效果，这就起着一种与蒙太奇相似的作用，最后使镜头有了它自身的节奏，创造出独特的视觉艺术效果。纪录片《长安街》的开始部分即用了一组前移镜头和横移镜头表现街面的宽阔。

随着摄录设备的日益轻便化、一体化，移动摄像在电视摄像中使用得多起来，形式感也越来越丰富。

图 6-4-3

图 6-4-4

图 6-4-5

图 6-4-6

(二)擅长展现大场面、大纵深、多景物、多层次的复杂场景

生活中的大场面、复杂场景中入画的事物多，事物与事物之间在视域内存在重叠，我们观看时很难在一个视点看清楚整个空间的布置。移动摄像的优点在于它可以横移和纵移，通过多个视点和多个角度来观看全景，比人的视点更宽阔、更有层次地表现大场面、大纵深、多景物、多层次的复杂场景，当然能营造出一种气势恢弘的效果。另一方面，移动摄像在复杂场景的拍摄中可以保持时空的完整和连贯，事物与事物的空间关系、主体与陪体的关系都不会发生变动，只是逐一被展现，比较真实，对整个场景的层次感和谐感有一定要求。

纪录片《天坛》中介绍回音壁一景时用了一组曲线移动表现回音壁弧形设计的原理和美学价值。

现代电视节目中出现得越来越多的航拍镜头除了具有一般移动镜头的特点外，还以其视点高、角度新、动感强、节奏快等特点展现了人们在生活中不常见到的景象。比如影片《望长城》中，经常用航拍的移动摄影表现长城的雄伟气势，如电视片《历史文化名城——平遥》中用航拍的一个前移摄镜头，让一条长长的古街尽收眼底。这些航拍镜头将观众视

图 6-4-7

图 6-4-8

图 6-4-9

图 6-4-10

点带到空中，居高临下极目远望，在一个更大的范围内对完整空间的清楚表现，扩大了画面表现空间的容量，让电视画面显得更加气势磅礴。

(三)有强烈主观色彩，表现真实感和现场感

移动摄像所表现的视线可以是画面中某个主体的视线，因此具有强烈的主观色彩。观众与主体的视线合一，主观感受明显，现场感得以突显。在《反恐防暴：一场无硝烟的战斗》这种新闻纪实节目中，武警在行动时，使用移镜头能跟随展示一同冲向恐怖分子，快速移动虽然比较“晃”，但能更真实地反映战斗现场的紧张。

在自然纪录片中，我们经常能看到拍摄者用淹没在草丛中的摄像机迁移的效果模仿动物出动的场景，再配以画面远处敌人的活动，让人为之捏一把汗，自然生动的再现了动物生存的环境。

三、移镜头的拍摄要领

(1)力求画面平稳，而平稳的重要一点在于保持画面的水平。无论镜头运动速度快或慢，角度方向如何变化，除非特殊的表现，地平线应基本处于水平状态。轨道车、摇臂、热气球、升降机、滑翔机这些辅助设备都能保证镜头的平稳。

(2)手持或肩扛摄像机拍摄移动镜头时双腿可适当弯曲，利用膝盖保持弹性，腰部以上要正直，仿佛头上顶着水碗，不受脚下的动作干扰，使传到肩部的振动尽量减弱。行走时蹑着脚，利用脚尖探路，双脚交替轻移，并靠脚补偿路面的高低。膝盖、大腿、腰部动作协调用力，上臂靠近身体做临时支撑，使身体起到一部“智能摄像车”的作用，这样就可以使机器的移动达到滑行的效果。

(3)用广角镜头来拍摄均会取得较好的画面效果。广角镜头的特点是在运动过程中画面动感强并且平衡，实际拍摄时，在可能的情况下应尽量利用摄像机变距镜头中视角最大的那一段镜头。因为镜头视角越大，它的特点体现得越明显，画面也容易保持稳定。

(4)移动摄像使摄像机与被摄主体之间的物距处在变化之中，拍摄时应注意随时调整焦点以保证被摄主体始终在景深范围之中。观看画面移动的速度比实际移动时显得稍微快一点，所以移动时动作得要比自己认为的稍慢则刚好。

(5)斯坦尼康(STANNIK)，是一种用身体支持的带有电视取景器的减震器，可以保证移动的画面的稳定。越来越多摄像师使用斯坦尼康进行移动摄影，如电影、电视剧以及大型的文艺演晚会等。

四、移摄拍摄时的注意事项

(1)应确定地面的平整，尤其是往后退步移摄时要注意安全。

(2)在汽车上拍摄移镜头时，汽车轮胎里的气体不饱满时拍摄的画面效果较为稳定。

(3)在有对白的画面中，镜头在对白开始前移动和开始后移动效果会不同。如果对话开始后进行移动摄像，观众会重视对话；反之重视运动。

第五节 跟 摄

跟摄是摄像机始终跟随运动的被摄主体一起运动而进行的拍摄。用这种方式拍摄的电视画面称为跟镜头。

依据摄像机跟随被摄主体运动的方向，跟镜头可分为前跟、后跟(背跟)、侧跟三种。前跟是指摄像师在前面边退边拍被摄主体的正面；后跟是在被摄主体后面跟随拍摄；侧跟则是在被摄主体的侧面跟随拍摄。

一、跟镜头的画面特点

(一)画面始终跟随一个运动的主体

由于摄像机运动的速度与被摄对象的运动速度相一致，主体运动快，镜头动得就快，主体运动慢，镜头移动得也相对慢。不管是快还是慢，运动着的被摄主体在画框中处于一个比较中心的位置，而始终处在变化中的是主体所处的背景环境。电影《生死狙击》中比较少见的始终跟随主角的一组前跟镜头完整地展示了故事情节。

(二)表现主体的景别相对稳定

摄像机跟摄时的焦距保持不变，如果刚开始是近景，始终是近景，如果是远景始终是远景，这样做的目的是通过稳定的景别形式，使观众与被摄主体的视点、视距相对稳定，连续而详尽地表现运动中的被摄主体。

图 6-5-1

图 6-5-2

图 6-5-3

图 6-5-4

图 6-5-5

图 6-5-6

(三)与移动机位的推镜头、前移镜头的异同

三者虽然从拍摄形式上看都有摄像机追随被摄主体向前运动这一特点，但从镜头所表现出的画面造型上看却有着明显的差异，并由此形成各自的表现特点。

从画面景别来看，移镜头和跟镜头的景别基本不变，推镜头景别由大到小连续发生变化。

从画面主体来看，摄像机机位向前运动的前移动镜头，画面中并没有一个具体的主体，而是随着摄像机向前运动，要表现的镜头往往是从开始到结束时的整个空间或整个群体的形象。移动机位的推镜头，画面中有一个明确的主体，随着摄像机的运动，镜头向主体接近，主体形象有一个由小到大的进程，镜头最终以这个主体为落幅画面的结构中心，并停止在这个主体上。跟镜头画面中始终有一个具体的运动的主体，摄像机跟随着这个主体一起移动。

从画面运动来看，推镜头、前移镜头都要求速度均匀，运动路线基本是直线；跟镜头运动的速度根据主体的运动速度来决定，不一定匀速运动，并且在运动路径上或直或曲，并不确定。

这三种拍摄方式有相似的运动形式，但特点不同，摄像师和撰写分镜头脚本的编导都需要了解他们画面造型效果和拍摄方式的区别。

二、跟镜头的功能和表现力

(一)突出运动中的主体

跟镜头能够连续而详尽地表现运动中的被摄主体，它既能突出主体，又能交待主体的运动方向、速度、体态及其与环境的关系。比如影片中出现骑马、坐车的镜头，多用跟镜头使主体相对稳定，形成一种对动态人物或物体的静态表现形式，使动体的运动连贯而清晰，有利于展示人物在动态中的神态变化和性格特点。比如在电视中表现汽车拉力赛时，通常会用跟摄方法，将镜头套住一辆飞奔的赛车，展示赛车的运动情况。

(二)引出运动中的环境

跟镜头跟随被摄对象一起运动，形成一种运动的主体不变，静止的背景变化的造型效果，有利于通过人物引出环境。比如电影《贫民区的百万富翁》，影片在开始时有一段表现追逐的戏就是采用跟镜头引出了他们生活的环境，通过主体的奔跑，我们看到一条条破烂、拥挤不堪的小巷出现在眼前，大致明白这是一大片贫民生活的地域。

图 6-5-7

图 6-5-8

图 6-5-9

图 6-5-10

(三)表现主观参与，引导观众视线

从人物背后跟随拍摄的跟镜头，由于观众与被摄人物视点的合一，可以表现出一种主观性，是一种现场参与感强的镜头，也能很好地将观众的视线引导至人物的背影上。摇跟就很好地表现跟镜头这一功能。比如警察抓捕逃犯，摇跟能表现当时环境下的速度感和真实感，小孩追一只蝴蝶时摇跟可以表现小朋友走路踉踉跄跄一心只在蝴蝶上，不注意脚下路况时的站立不稳的可爱懵懂。《僵尸肖恩》中用摇晃的跟镜头一直跟拍肖恩去超市买食品，使观众感觉自己也像是被追逐的一员，谨慎地、旁顾四周地替粗心的肖恩留意身边的危险，每一刻有危险与他擦身而过，忍不住紧张，从而增加恐怖气氛。

图 6-5-11

图 6-5-12

(四)具有纪实意义

跟镜头对人物、事件、场面的跟随记录的表现方式，在纪实性节目和新闻节目的拍摄中有着重要的纪实性意义。

跟摄中摄像机的运动是一种被迫运动，由被摄人物的运动直接决定，从而引起一种被动纪录的感觉，这种方式一方面引导观众置身于事件之中，成为事件的“目击者”，另一方面还表现出一种追随式的、被动的客观记录的“姿态”，使我们从事件现场中剥离出来，保持一定距离，只充当事件的“旁观者”和纪录者。2013 年火遍大江南北的户外真人秀节目《爸爸去哪儿》采取了大量的跟镜头真实地记录下了小朋友们是如何完成任务的，镜头表现力非常丰富。

图 6-5-13

图 6-5-14

图 6-5-15

图 6-5-16

在柴静主持的《新闻调查》中，多期节目都能看到在正式采访前，都有一段跟摄，跟拍柴静寻找采访对象、与采访对象进行沟通的过程，这些画外采访本可以不放在新闻片中，但如果片子时长能保证，这些跟镜头能反映采访的艰辛和真实，对于观众理解记者的调查动机和节目组制作的目的很有帮助。比如有些采访沟通多次并不成功，最终采访无法实施，如果没有表现在节目中，观众认为节目的采访不到位。所以大量的纪实节目中，我们采用跟摄表现真实的过程而非仅仅只是事件的结果。

三、跟镜头的拍摄要领

由于被摄主体和拍摄者都处于运动状态中，跟摄是难于把握的一种摄像方法，除了借鉴移摄的相关经验外，以下几点也不能忽视。

(一) 跟上、追准被摄对象的运动

为了保证被摄主体在画面中的景别和与画框的相对位置保持不变，摄影机的运动方向和运动速度要与被摄主体的运动速度和方向相一致。避免主体“跟丢了”又加快跟的速度去“找回来”的现象。

(二) 尽量保持画面平稳

一般情况下不管画面中人物运动如何上下起伏、跳跃变化，跟镜头画面应基本上是或平行、或垂直的直线性运动。因为镜头大幅度和次数过频的上下跳动极容易产生视觉疲劳，而画面的平稳运动是保证稳定观看的先决条件。除非是特殊需要下的摇跟。如用长焦远调一辆正两面驶来的汽车，由于路面不平，汽车上下左右颤动，画框的静止不动让汽车在画面上的颤动反而更加明显。

(三) 把握影调背景

如果拍摄跟镜头时选择背景影调略深，逆光，主体显得明亮并与背景分离，背景景物如果在背景的光、色彩方面有适当变化，其画面效果具有特殊的美感，起到抒情的作用。

四、跟镜头拍摄时的注意事项

(1) 可以有起幅和落幅，也可以直有主体运动(跟)的过程。拍摄起幅要让主体先动起来，落幅画面与运动结束同步或者让主体自由走出画，再组接其他画面会比较自然。

(2) 跟镜头是通过机位运动完成的一种拍摄方式，镜头运动起来所带来的一系列拍摄

上问题，如焦点的变化、拍摄角度的变化、光线的变化，也是跟镜头拍摄时应考虑和注意到的问题。

(3)这种拍摄手法难度较高，初学者应谨慎使用。

第六节　升　降　摄

升降摄是指摄像机借助升降装置的上升或下降而进行运动的一种摄像方式。升降装置可以做垂直上升下降运动、也可以做弧形升降、斜线升降和不规则升降运动，拍到的电视画面都叫升降镜头。

升降拍摄是一种较为特殊的运动摄像方式，利用升降机可以不断改变摄像机的高度和角度，从多个视点对场景进行拍摄。我们在日常生活中除了乘坐飞机、乘坐升降电梯等情况外，很难找到一种与之相对应的视觉感，因此，升降镜头能给观众以新奇、独特的感受。画面造型效果极富视觉冲击力的。

升降拍摄通常需在升降车或专用升降机上才能很好地完成。我们有时候也可肩扛或怀抱摄像机，采用身体的蹲立转换来升降拍摄，但这种升降镜头幅度较小，画面效果并不明显。

一、升降镜头的画面特点

一般来说，升降拍摄在新闻节目中并不常见，而在电视剧、文艺晚会、音乐电视等的摄制中运用得较为广泛。这大概也跟升降镜头对特殊升降设备的依赖性不无关联。这也是升降镜头与其他运动镜头的不同。

除此之外，升降镜头在画面上还存在以下特征：

(一)带来了画面视域的扩展和收缩

摄像机的机位就如同人的站位。站得越高、看得越远，当摄像机的机位从低处慢慢升高，主体与画面背景的关系发生剧烈改变，视野向纵深逐渐展开，还能够越过某些景物的屏蔽，展现出由近及远的大范围场面。而当摄像机的机位慢慢降低时，镜头距离地面越来越近，所能展示的画面范围也渐渐狭窄，人的视点慢慢转移到离摄像机较近的事物上。

(二)形成了多角度、多方位的多构图效果

在拍摄中如果采用弧形升摄，随着摄像机的高度变化和视点的转换，拍摄角度可以在仰视——平视——俯视、正面——侧面——背面间发生连续的丰富多样的变化，构图效果具有强烈的表现力。比如画面转换是一气呵成的，构图样式的变化和运动形式的升起与所表现的内容和主题非常吻合。

二、升降镜头的功能和表现力

(一)有利于表现高大物体的整体与局部

在拍摄高达物体时，如果用固定镜头，从远处拍摄整体形象镜头也未必包容得下，更表现不了物体的局部。遇到场地受限无法后退时，用广角镜头又会造成近大远小的严重变形。用上下摇镜头时由于机位固定、透视变化，会发生上小下大的变形，难以客观反映整体形象；而升降镜头则可以在一个镜头中用固定的焦距和固定的景别对各个局部进行准确地再现。以拍摄一根柱子上刻满了的书法作品为例，用竖摇镜头从最上端摇到最下一个字，不仅字体变形，柱子背后的字无法呈现在画面中；用环形升降镜头拍摄，画面中的字不会变形，还能完整从表现柱子四周的作品和柱子的细节，最后组合成对柱子和书法作品的完整印象。电视纪录片《天坛》中，拍摄嘉靖皇帝的画像时，为了完整正面呈现画像细节，摄像师用了小幅度的升镜头。

图 6-6-1

图 6-6-2

图 6-6-3

图 6-6-4

(二)有利于表现纵深空间中的点面关系

升降镜头视点的升高，视野的扩大，可以表现出某点在某面中的位置；同样，视点的降低和视野的缩小能够反映出某面中某点的情况。

比如说电视晚会中表现大合唱场面时常常用到升降镜头，主要演唱者独唱时用小景别表现，合唱队伍开始唱时画面升起来，展现出平视无法看清楚的众多合唱队员和整个队形的排列，表现“点”与“面”的相互关系，能够非常传神地表现出现场的宏大气势，这是固定镜头所难以表现的。张艺谋导演在 2008 年奥运会的开幕式设计中安排了很多的大场面，这些场面也只有升降镜头从极高的视点才能拍摄出精彩的画面。在 BBC 拍摄的纪录片《美丽中国》中，一组展示渔民捕鱼的升镜头让渔民最终融进美丽的桂林山水中，俨然成为一幅山水画，展示了祖国的风景是如此多娇。

图 6-6-5

图 6-6-6

图 6-6-7

图 6-6-8

（三）可以在一个镜头内实现转场

升降镜头从高至低或从低至高的运动过程中，可以在同一个镜头中完成不同形象主体的转换。比如，升镜头中较远的景物或人物最初被画面中的形象所遮挡，随着镜头升起后逐渐显露出来。反之，降镜头可以实现从大范围画面形象向某一较近的形象的调度。举例来说，在《少年派的奇幻漂流》中，升镜头的起幅画面中是印度教信徒祭祀毗湿奴神的现场，随着镜头升起，出现漫天璀璨的星空，镜头再做弧形摇，天空渐渐由黑变蓝，镜头下降，观众看到蓝天白云高山，再下降，一片种植园在不远处出现，正是在这里，派首次接触了基督教，成为一名信徒。这样一个综合运动镜头中的意蕴并不难懂，派从小接触的印度教犹如昨天的黑夜一样已经翻篇，在他的心里一时暂别，取而代之的是基督教，照亮了他的心灵，带给派新的美好的一天。

图 6-6-9

图 6-6-10

图 6-6-11

图 6-6-12

(四)表现出画面内容中感情状态的变化

升降镜头视点升高时，镜头呈现俯角效果，表现对象变得低矮、渺小，造型本身富有轻视之意；当其视点下降时，镜头呈现仰角效果，表现对象有居高临下之势，造型本身带有敬仰之感。它可以用来展示事物的发展规律或处于场景中上下运动物体的主观情绪，这种情感效应与固定的俯仰镜头是一致的，但升降镜头感情状态的变化却是在连续的升降运动中得以表现出来的。比如在一部反映中学生活动的电视剧中，与同学们产生"矛盾"而被称为老师的"马屁精"的班长放学后走出教室，她本想跟几个同学一起回家，可是大家都"避之惟恐不及"地把她甩在了身后，她站在那里发呆似地低头思索着什么。这时候镜头缓缓升起，她变得越来越小，与同学们越来越远。这种镜头运动表现出了这个"不受欢迎的班长"被同学们孤立、冷落的尴尬情境。此外，镜头的升降运动还可以起到深化画面意境、发挥情感余韵等造型作用，常在情节电视节目的段落结尾或全片结束时得到运用。

(五)是越轴的有效手段之一

在场面的调度中，摄像师故意使用越轴镜头，可以产生一些特殊的效果。比如在两人会话位置关系颠倒或主体向相反方向运动的两个镜头中间，插入一个摄像机在越过轴线过程中拍摄的运动镜头，从而建立起新的轴线，使两个镜头过渡顺畅。

总之，升降镜头借助特殊装置所表现出的独特画面造型效果，可以给我们提供丰富视觉感受和调度画面形象的有效手段。特别是当我们把升降镜头与推、拉、摇及变焦距镜头运动等多种运动摄像方式结合使用时，会构成一种更加复杂多样、更为流畅活跃的表现形式，能在复杂的空间场面和场景中取得收放自如。当然，由于升降镜头所带来的视觉感受比较特别，容易令观众感到节目编摄者的主观创作意图，容易让观众产生一种对画面造型效果的"距离感"，要用得少而精。

三、升降镜头的拍摄要领

(1)升降的速度要均匀、保证足够的景深，被摄主体与环境都能清晰表现。

(2)拍摄时多使用广角镜头，注意提前按运动路线调整好机器。

(3)升降镜头对场景整体的形象有一定要求，避免镜头升起来时杂乱无关事物穿帮。

(4)使用摇臂、升降机等辅助设备进行拍摄时，对空间范围还有有一定要求，过于低矮或狭小的空间不适合用，如房间内、巴士上。

四、拍摄升降镜头时的注意事项

(1)新闻纪实类节目对升降镜头应当慎用。否则，画面造型的表现性可能会影响节目内容的真实感和客观性。

(2)升降机上升过程中的拍摄摇要注意拍摄人员的安全。

第七节　综合运动摄像

综合运动摄像是指摄像机在一个镜头中把推、拉、摇、移、跟、升降等各种运动摄像方式，不同程度地、有机地结合起来的拍摄方式。采用这种方式拍得的电视画面叫综合运动镜头。综合运动摄像的视点更自由，视觉感受更流畅，可以实现多角度、多构图、多景别的造型效果，表达的信息量也更丰富。

综合运动摄像呈现出多种形式，我们可以把它们大致分为三种情况：一种是“先后方式”，如推摇镜头(先推后摇)、拉摇镜头(先拉后摇)等；第二种是“包容方式”，即多种运动摄像方式同时进行的，比如移中带推、边移边升等；第三种是前两种情况的混合运用。如果按排列组合方式，至少可以将运动镜头分为成百乃至上千种不同形式。我们不可能、也没有必要对综合运动镜头的各类形式逐一加以分析。在实际拍摄中摄像人员通过不断地摸索和总结，会形成自己的一套综合运动的习惯和风格。但综合运动镜头所表现出的画面特点有一些共性：

一、综合运动镜头的画面特点

(一)摄像机运动的路线和方向复杂

综合运动镜头中推、拉、摇、移、跟、升降等运动摄像方式不论是先后出现还是同时进行，都可以依据摄像师的经验而定，在拍摄过程中摄像机因为路线和方向是复杂的，所以机位、镜头焦距、镜头角度和方向都可能随时会有变化，摄像师要能根据经验做一个预判并指挥相关工作人员提前做好准备，才能在有限的时间里拍摄出一个好的综合运动镜头。

(二)节奏流畅，构图形式多样

利用综合运动摄像所形成的画面，其运动轨迹是多方向的，但又是不着痕迹地让画面内的空间位置和空间关系不断发生变化，在一个电视镜头中形成了多平面、多景别、多角度的构图，画面视点的与众不同可以带来相当华丽的视觉效果。

二、综合运动镜头的功能和表现力

(一)画面表现具有美感和意境

综合运动镜头在一个镜头中形成一个连续性的变化，给人以一气呵成的感觉，运动转换也更为流畅、自然，每一次的转都使画面形成一个新的角度或新的景别，镜头本身就具有一定的韵律和节奏感，能让观众在接受内容的同时从画面中体验一种美感。纪录片《美丽中国》中许多地方运用移镜头和升镜头相结合的拍摄方法，画面与抒情音乐的节奏配合，表现人与自然和谐共处的美。

图 6-7-1

图 6-7-2

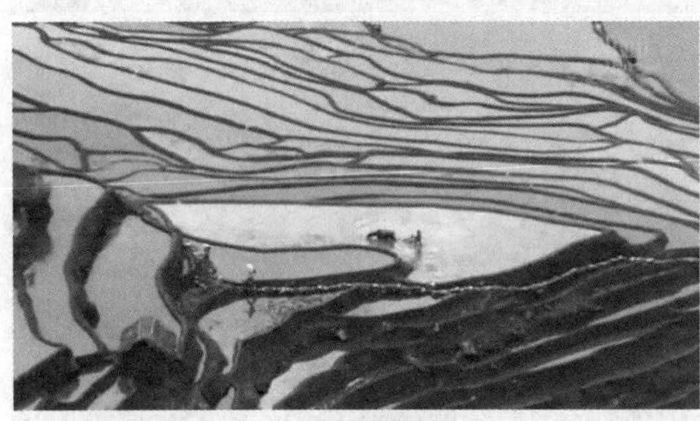

图 6-7-3

图 6-7-4

现在许多的音乐电视作品、电视艺术片、大型电视晚会、电视节目中都注意运用综合运动镜头以形成画面语言的美感和意境，正是源于综合运动镜头的画面表现力所直接决定的。

（二）有利于表现一段完整的情节

综合运动摄像既不像固定画面那样一个机位一拍到底，画面沉闷缺少变化，又不像单一推拉运动摄像那样单调刻板缺少生气，而是通过综合调度镜头的各种运动形式，随着事物的转移不断变换着画面的表现空间，把多样的形式有序地统一在整体的形式美之中，构成一种活跃而流畅、连贯而富有变化的表现样式，用一个镜头纪录表现一个场景内一段相对完整的对话、动作或情节，在复杂的空间场面和连贯紧凑的情节场景中显示了独特的艺术表现力。

（三）充分让音乐和画面进行组合叙事

综合运动镜头在多种运动摄像方式之间转换，一般时间较长，可以在一个镜头中包容一段完整的音乐，不会因为画面分段和出现场景的变化破坏音乐的整体性和旋律美。同时，当镜头内多种运动形式所构成的节奏变化和运动韵律与音乐旋律和节拍相同步，两者可以相互推进，共同把握画面节奏，视听语言的表达更明确。

纪录片《舌尖上的中国 II》在表现陕北人做面的手法时，随着乐曲的旋律变化，航拍镜头从一家人在院子里劳作的普通画面升至展现陕北风光的大远景，这时声音与画面达到一种谐振效果，很好地表达了对劳动者的讴歌与赞美。正是这样一个个勤劳的陕北人创造了他们美好的家园。这种处理既保持了音乐的完整和连贯，又保证了现场气氛的完整和连贯，使画面和音乐结合得和谐流畅。

图 6-7-5

图 6-7-6

图 6-7-7

图 6-7-8

（四）能真实表现被摄对象

尽管在一个综合运动镜头中景别、角度、画面节奏等因素不断变化，但画面在对时间、空间的表现上并没有中断，镜头的时空表现是连贯而完整的，被摄对象的动作、所处的环境是通过镜头运动再现的真实情境，中间没有加入蒙太奇技巧的应用，使画面空间在一个完整的时间段落上展开，在纪实性节目中保证了事件的发展自然，没有夹杂很多编导人为的解读。比如，《人物》栏目中，许多节目都是在大量综合运动镜头的基础上得以客观而鲜活地再现老百姓的生活和故事的。另外，在电视剧、专题晚会等电视节目中，综合运动镜头使导演通过镜头运动有意识地反映场景的真实、完整，加深观众对情节和场景的认识，保证了观众时刻处于入戏状态，将自己融入现场气氛中。

（五）通过构图变化形成多层表意

综合运动镜头在一个连续不断的时间里，将事件、情节、人物和动作在几个空间平面上延伸展开，形成一种多平面、多层次、多元素的相互映衬和对比，这种画面结构的多元性，形成表意方面的多义性，加大了单一镜头的表现容量，丰富了镜头内的表现含义。像这样一个复杂多变的连续过程，单用推、拉、摇、移等运动摄像方式，恐怕很难像片中的综合运动镜头那样记录和传递如此丰富的内容和画面信息，正是通过一个从屋内到室外的多元素、多背景、多视点的综合运动镜头，给人物以展示不同行为、不同性格的空间和时间。

三、综合运动镜头的拍摄要领

综合运动镜头的拍摄是一种比较复杂的拍摄，由于镜头内变化的因素较多，需要考虑和注意的地方也较多，归纳起来首先要处理好的问题有：

(1)除特殊情绪对画面的特殊要求外，镜头的运动应力求保持平稳。画面大幅度的倾斜摆动，会产生一种不安和眩晕，破坏观众的观赏心境。

(2)镜头运动的每次转换应力求与人物动作和方向转换一致，与情节的发展和情绪的转换相一致，形成画面外部的变化与画面内部的变化完美结合。

(3)机位运动时注意焦点的变化，始终将主体形象处理在深范围之内，注意到拍摄角度的变化对造型的影响。

(4)要求现场摄录人员相互配合，协同动作，步调一致。比如升、降机的控制，移、跟过程中话筒线的注意等，如果稍有失误，都可能造成镜头运动不到位甚至绊倒摄像师等后果。越是复杂的场景，高质量的配合就越发显得重要。

(5)拍摄有难度或为了表现更好的视觉效果，由摄像师拍摄的单一运动镜头与特技摄像师后期制作的运动镜头相结合的运动长镜头在影视作品用得越来越多。

四、综合运动镜头拍摄时的注意事项

(1)综合运动摄像前运动的顺序要清楚。

(2)尽可能防止拍摄者影子进画出现穿帮现象。

(3)综合运动镜头的时长不等，但一般情况比其他镜头的拍摄耗时，应视情况有选择性地使用。

第七章　影视灯光

第一节　灯光照明的作用

光，是一种物质，是人类社会及自然界不可缺少的物质。生命体要依靠光生长、发育、成熟；人类要依赖光的照明，从事社会实践活动。有了光，人类才能够认知周围的物质世界；如果没有光，人类将进入一个无法认识事物的黑暗世界。光是摄影艺术不可缺少的物质条件。学习影视艺术，就要研究光，研究它的变化，熟知它的规律。对光的基本规律的认知、理解、掌握，是摄影的基本功。

摄影作为影视影视的基础，“摄影是用光来作画”，“摄影是光与影的艺术”，这些人们已经耳熟能详的话充分说明了光线对于摄影及影视摄影的重要性。光线是摄影的物质基础，可以说没有光就没有摄影。人们之所以可以看到世界上的万事万物，可以看到周围的五颜六色，都是由于光的反射作用，我们看到的事物都是光的反射作用产生的影像。如果没有光，我们根本就无从感受世间万物的千姿百态、五彩缤纷，也更无从发明摄影。没有光也就没有了曝光这一摄影的最基本的技术环节，画面也就不存在了。

光线决定着画面的造型效果，会影响物体的色彩。物体的色彩从本质上来说是物体表面对于光线有选择地吸收和有选择地反射的结果，所以我们可以说没有光也就没有色彩。

光线是千变万化的，光线的方向、强弱、色温等的变化，使物体在色彩变换的同时，还产生明暗的变化。因为有了明暗，照片上各种物体才成为看得见的影像，而所有其他构图要素，包括线条、形状、质感等，实质上是明暗的不同表现形式而已。因为有了明暗，在物体的表面形成受光面、阴影面和投影，使物体产生了丰富的影调、色调变化，影响着人们对于事物的感知，也为摄影提供了丰富的创作手段。迄今为止，没有哪一种艺术手段能像摄影那样，用从纯白到纯黑无数个灰色层次的变化，把物体影像那样真实、生动地表现出来。

光线影响着事物空间感、立体感、质感的表现，有些光线可以强化它们，有些光线却是起弱化作用。光影的有规律的排列、变化，可以形成画面的节奏，增强画面的形式美。在摄影中，没有光就没有影，同样的道理，没有影就没有光。虽然在现实生活中影子是虚无的，但是在摄影画面中，它具有与光线同样重要的作用。一个有秩序、有节奏感的画面构图，能给人们提供美的信息；相反，一个杂乱无章的画面，只会引起人们的反感。

光线可以渲染画面的气氛。从一般意义上讲，气氛是指某个特定环境中的情调和气息。在摄影艺术中，气氛可以分为两种类型：造型气氛、戏剧气氛。造型气氛是指摄影师运用光、色、形、线等造型元素，创造一种画面的造型基调，如明快、欢乐、低沉、压抑、暖、冷、动、静等，形成气氛，影响人的情绪。戏剧气氛指摄影师通过对造型气氛和天体气氛的表现，结合作品的内容，在画面中表现出一定的情感和气息，如表现人物的情绪、情感、外形特点，表现画面中所反映的人物关系及情节，表现画面中人物活动的环境及所反映的时代气息、环境气息，从而形成一定的社会、历史、文化的面貌。

光线可以表现画面的情感。在展示自然美的基础上，利用光线表现画面的情感，可以强化艺术美，不同的光线效果会引起人们不同的情感反应。在叙述性画面中，光线基本上是用来造型，真实地再现环境和人物，光在画面上的流动带给观众时间和空间的信息以及与比相关的感情色彩。但是当光线本身作为一种形象被摄影者直接用来表现某种情感内容时，光线就具有了象征作用。

在早期影视剧制作中，灯光师这一工种似乎并不很受重视。而现在，随着高清摄像技术的发展，影视业在技术方面有了全新的突破，现在更有3D电影让大家体验奇幻的电影世界。现在，一些电影内容似乎不那么注重剧情，而是把大量精力花费在技术的制作上。一定程度上，我们去电影院看《阿凡达》《少年派的奇幻漂流》《钢铁侠》等影片，更多的是去体验技术带来的享受。有人说，如今，技术也是内容。在一定程度上来说，这种说法一点也不为过。那么，追求技术、压轴于技术的影片就要在技术上精益求精了。这时候，灯光师的作用就尤为重要了。

灯光是影视图像的灵魂，它能创造一种环境气氛感，并把这种气氛感富于感染力地在屏幕上表现出来，完美地创造出各种性格迥异的人物形象。没有光就没有影，没有影就没有形，没有形就没有视听画面艺术，也就没有五彩缤纷的世界。光在影视创作中，不但可以完成主体造型，如勾勒外形轮廓，展示物体的细部，形成立体感等，也可以表现物体的质感，所以，光对于影视创作艺术来说也是必不可少的，也是表现物体外部特征和内部含义的先决条件。

影视摄影用光又叫照明，是实现影视技术同时又表现电影、电视艺术造型的必要条件。影视照明的创作是依据人们在实际生活中对周围环境的光照现象及反应而形成的，夕阳下波光粼粼、傍晚下宁静虫鸣、深夜中阴森恐惧等，都是气氛和日光照明发生相近联系的结果。阳光明媚、黑暗神秘、雾中虚幻，灯光照明能引导人们千奇百怪的联想，能创作这种环境，构成这种联想的气氛。

灯光照明同样能改变画面基调，透视事件发展的步调和涵义的灵活性。在任何一处环境中，任何一件物体首先需要光的介入才能进入人的视觉，环境的情形、人物形象，环境空间大小，都要借助灯光照明，通常灯光照射的空间越大，给人们视觉感受空间范围就越大。如果在较大的空间中，灯光只照射某个区域，那么人们的视觉范围就相应集中在一个点上，这就是我们常说的，灯光在画面处理上点、线、面的有机设计。

在影视画面中，灯光照明有引导人们视觉的作用，光照到哪里，人们的视觉就跟到哪里，光的移动带领着人们视觉的移动，由此辅助了剧情的发展，情节的变化，矛盾的展开。展示剧中人物鲜明的个性。

因此，光在影视艺术创作中，有着至关重要的作用，它充分运用光学的基本原理，通过各种色调的调动，相邻色调的高度明暗对比，运用饱和和较淡的色彩配置，通过点、线、面光源的虚实搭配，使观众的视线被吸引过来，朝着剧情的发展方向，集中注意人们命运的进展，使影视画面达到较强的艺术效果。

第二节　不同光位特点及应用

由于地球的自转运动，光有着丰富变化：从无光照明到有光照明再到无光的世界；也由于大自然的运动，使自然界中气候变化异常多姿多彩：阴和晴、早和晚、下雪和下雨等。这些变化都在影响着太阳光的投射。人工光的各种光线性质和形态是模拟自然光的性质和形态。光的不同性质极大地影响着摄影的光线处理。

光的性质可分成两类，即直射光(硬光)与散射光(软光)。所谓直射光，就是能够看到有明确的光线投射方向，能够在被摄体表面形成明确的受光面、阴影面和投影的光线。在直射光照明下，物体的受光面和阴影面之间的明暗对比较大，被摄体表面反差较大，有利于表现物体的轮廓和立体形态。直射光往往照明面积较小，光线集中。

所谓散射光，就是没有明显的投射方向和光影变化的光线。一般说来，散射光照明的面积较大，照明均匀，物体表面没有明确的受光面、阴影面和投影，物体表面层次丰富，但影调平淡，立体感差。在色彩表现上，散射光照明的物体，有平涂效果。散射光照明的画面往往显得比较柔和、细腻，需要依赖物体自身的明暗、色彩配置来表现物体的形态。

根据光线投射方向的不同，一般我们可以把光线分成顺光、斜侧光、侧光、侧逆光、逆光五种形式。

一、顺光

顺光即光线投射方向与摄影镜头光轴方向一致的光线。在顺光照明中，由于被摄体的正面都受到均匀的照明，被摄体的投影也被投在它的背面而被遮挡起来，所以画面很少或几乎没有阴影，画面往往比较明亮。

图 7-2-1　电影《金刚狼 3》截图

画面的层次主要依靠被摄体自身的明度差异和色调关系来表现。顺光照明使被摄体表面没有明显的反差变化，所以被摄体外形会显得较平，缺乏起伏的变化。顺光对物体表面凹凸不平的结构表现较弱，对被摄体的立体感、质感表现较弱。顺光照明由于没有强烈的明暗反差，所以形成画面中影调较平较柔和的造型效果。由于顺光照明是均匀的，所以能较好地传达物体色彩的属性，即色别、饱和度和明度。被顺光照明的物体，正对光源方向的表面是最明亮的，其亮度受到物体表面结构的影响，光滑表面会产生光斑，但光斑的亮度与物体表面亮度比较接近，粗糙的表面正常地对投射光进行反射，反射光的亮度受物体表面亮度影响。顺光照明由于不形成受光面、阴影面、投影，所以不能很好地表现景物的空间立体感，也不利于表现空气透视。

顺光照明是比较容易掌握的用光方法，很多人初学时往往就是先从运用顺光开始的。然而，顺光也是难以用出特点的光线，在接触了一段时间以后，很多人就不愿意运用顺光，认为顺光太简单，缺少变化，难以适应创作需要。其实没有不好的光线，只有不好的运用，结合顺光的特点，扬长避短，也能够拍出很好的画面。利用顺光拍摄，要注意以下几点：

选择那些本身色彩明暗配置较好的物体拍摄，利用其自身的影调、色调对比，弥补顺光均匀照亮物体造成影调过平的不足。

在张艺谋的电影《我的父亲母亲》中，老师要到村里的各家各户吃派饭，招娣做好饭后，听到先生进院的声音，从屋里走出来，站在屋门口迎接先生，这个镜头就是在顺光条件下拍摄的。如果我们细心观察，可以发现，画面中景物的色彩是精心搭配的，招娣身上的衣服、两边窗台上的南瓜、屋子的墙壁形成鲜明的对比，而且光线也是经过处理的，两边的光线明显弱于中间的光线。经过这样的加工处理，虽然是在顺光之下，但是依然拍摄出了影调层次丰富的镜头，这也成为这部电影的“经典镜头”。

选择多重景物，利用其自身的多层次，增强远近距离感，减弱顺光照明不利于表现空间透视的影响。在顺光照明条件下，运用景物自身的层次，可以弥补顺光照明空间感不足的缺陷。此外，前景中其他物体的投影，对于画面影调层次的丰富及空间感的表现，也可以起到重要作用。

利用纵深线条结构画面，通过线条引导观众的视线向画面深处运动，弥补顺光照明深度感不足的缺陷。结合俯拍角度，就可以看到被摄体背后的投影，可以充分利用光影丰富画面造型。

利用被摄体前面景物的投影，把这些投影处理在画面前景的位置，可以改善画面的明暗布局，平衡画面影调，有效地表现画面的空间深度，这也是顺光照明条件下运用物体投影的常用方法。

此外，有意运用顺光照明的不足，弱化景物质感、减弱空间深度，有时反而可以适应创作的需要，获得单一、平淡、干净的画面效果，如拍摄高调画面或拍
摄小孩的皮肤等。

二、斜侧光

斜侧光即光线投射方向与摄影镜头光轴方向成水平四十五度角左右的光线。受到斜侧

光照明的被摄体，可以形成较好的明暗关系，因为它构成了受光面和阴影面，受光面的面积大于阴影面的面积，这样使画面整体造型效果趋向明亮。另外，斜侧光照明产生的影子也小于侧光造成的影子，而且一部分影子被被摄体挡住，这也和表现画面的明亮度有密切关系。斜侧光能比较好地表现景物的立体感、轮廓形态和景物表面的质感，并创造出比较丰富的影调层次。和侧光相比较，它所产生的层次要更丰富些，影调要更柔和些。和顺光比较，它的影调结构要丰富，反差要强些。斜侧光是一种主要的造型光，也是刻画人物形象的主要光线，所以被广泛应用在摄影艺术创作中。

图 7-2-2　电影《金刚狼 3》截图

斜侧光照明的用光方法大体上可以分为窄光照明、正常斜侧光照明、宽光照明三种。

窄光照明即光源在被摄对象的侧前方 60°至 90°的位置上，这种光对于那些表面起伏不大、立体感弱、需要强调其质感的物体来讲尤为适宜。这种光线使物体表面有明显的亮暗对比，立体感加强。使用这种光线拍摄人物，要防止出现“阴阳脸”等明暗各半的现象。这种光线效果，有时也适合于拍摄低调人像的画面。

正常斜侧光照明即光源在被摄对象侧前方 45°至 60°的位置上，这种光线照明可以在物体表面形成适中的明暗分布，有利于表现物体的立体感和质感。

宽光照明即光源在被摄对象的侧前方 30°至 45°的位置上，能充分照明被摄对象四分之三的面积，强调被摄对象的面积。这种光线不适合宽平、线条不明显、起伏比较小的物体，对于物体表面的质感有一定的隐没作用。

三、侧光

侧光即光线投射方向与摄影机镜头光轴方向成水平 90°角左右的光线。受侧光照射的景物有明显的明暗亮度对比。这是因为侧光照明在被摄体上形成了受光面、阴影面和投影的光影结构，而且十分强烈，是很生动的造型光。

图 7-2-3 电影《金刚狼 3》截图

侧光照明形成的影子是很重要的造型元素，它不但显示了立体空间的意义，而且在阳光下还有时间意义。这是通过光影的长短来显示的，同时还有造型意义，如影子的形状、面积、长短，会构成丰富多彩的造型效果。

侧光能很好地表现被摄体的形状、立体感、质感。这是因为在侧光照明下，光影结构鲜明、强烈，甚至物体表面细小的起伏和凸起均被突出，这对表现物体的表面结构非常有利。如果说顺光是减弱物体表面质感的话，那么侧光就比较强调甚至夸张表面质感。因此摄影创作中要想表达好物体表面质感，就要准确选择光线的方向。

由于侧光照明的上述特性，摄影师可以根据它的造型效果以及被摄体的外部特征，在画面中确定需要突出、强调什么，隐藏、虚化什么。这已成为影视摄影艺术创作重要的表现手段。

当然，侧光可以较好地表现被摄体的形态、轮廓、立体感。但要表现被摄体外部形态特征，另一个条件是被摄体自身的条件。被摄体的外部特征越清晰并富有起伏变化，光线对它的造型表现就越有效，就越富有变化，也越具有艺术感染力。一个被摄体表面特征很少，变化也很少，面对这样的被摄体，无论使用什么光线，都不会有显著的光效特色。因此说，在影视摄影艺术的创作中，选择被摄体的外部特征、选择光的投射方向、选择拍摄位置具有同等重要的意义。

四、侧逆光

侧逆光即光线投射方向与摄影机镜头光轴方向成水平 135°角左右的光线。在侧逆光照明下，景物四周的大部分范围形成轮廓光，这对表现景物的轮廓特征，以及这一物体区别于另一物体的界限是一种有效手段。侧逆光与逆光照明都形成轮廓光，它们的不同之处是逆光造成的轮廓光在被摄体四周都有，而侧逆光照明只在景物四周的大部分有轮廓光，一小部分没有轮廓光。侧逆光照明的景物形成的受光面要比逆光照明的同一景物的受光面多些。

图 7-2-4 电影《金刚狼 3》截图

在侧逆光照明下，物体的受光面小于阴影面，所以画面中阴影的面积比较大，所以往往可以形成暗调效果。是拍摄剪影、半剪影作品理想的光线，也是白天拍摄夜景造型的理想光线。

侧逆光作为造型光——主光，是刻画物体外部轮廓特征的理想光线，更是拍摄光比大、反差强烈的低调人像作品的常用光。

在侧逆光照明下，景物会产生影子，影子是侧逆光造型的重要特征。影子的长短可以表示时间的概念，影子可以强化空间立体感，影子的形态也是画面构图的视觉元素之一。侧逆光照明是形成空气透视的理想光线。因为在侧逆光照明下，能很好地反映出空气透视的基本规律，如近浓远淡、近深远浅、近清晰远模糊、近反差强远反差弱等。侧逆光照明还可以照亮空气中的介质，从而强化空气透视感。

在侧逆光照明下，景物有受光面、阴影面和投影，所以能很好地表现物体的立体形态。侧逆光对表面粗糙的物体的质感表现有夸张作用，而在光滑表面和镜面表面上会产生强烈的单向反射光——耀斑，所以在表现其质感时往往要用散射光，以减弱景物表面的明暗差距。

五、逆光

逆光即光源的投射方向与摄影机镜头光轴方向相对，是来自被摄体后方的光线。逆光照明下的景物边缘部分都被照亮，由于受光面积较小，所以只形成轮廓光的效果。它是表现物体轮廓形态以及区别景物与景物之间界限的有效手段，所以逆光往往又叫做隔离光。

逆光照明下的景物，由于大部分是阴影面，只有极少部分受光面，所以阴影比较多。逆光照明往往形成画面造型偏暗的影调结构，因此它是表现低调的理想光线，同时还是白天拍摄夜景的常用光线。

图 7-2-5　电影《金刚：骷髅岛》截图

逆光有利于勾勒物体的轮廓。被逆光照明的景物有明显的明暗面和投影。物体受光面的面积受到光源高低及视点高低的影响。在视点固定的情况下，光源位置偏高，受光面积较大，在景物四周形成光带或光条；光源位置偏低，受光面积较小，在景物四周形成较细的光边，使其形成轮廓光。

逆光照明在背景较暗时，可以获得被摄景物明亮的轮廓光，如果背景较亮，被摄景物较暗，则画面会产生剪影、半剪影效果。利用胶片与人眼之间对强光比所产生的感光效应差异，在胶片上对受弱光的景物取其剪影是一种有趣的摄影语言表达形式。所谓“强光比”指的是环境背景处于强光之下，而主体的人或物处于弱光之中；“取其剪影”，指的是摄影师采用逆光拍摄，并按背景亮度曝光，使前景的人或物的曝光处于严重不足的状态，层次和细节消失了，在画面上留下的只是剪影。

不论是黑白摄影或者彩色摄影，剪影只有一种色彩效果，即百分之百的黑。色彩在剪影中被掩盖了，层次在剪影中也被掩盖了，摄影师抽取出的仅仅是人或物的外在轮廓形态。都说摄影用的是减法。框式取景需要减法，但它所用的是一种外减法，即减去取景框之外的多余景物；而剪影法所用的是一种内减法，即减去主体本身所固有的全部色彩与层次，只取其形。因为失去了光所营造的视觉立体感，剪影主体在视觉上已经完全平面化了，这就赋予了摄影将三维立体化为二维平面的一种典型手法。因此可以认为，剪影法是一种“相对”抽象的手法。之所以用“相对”一词，是为区别完全抛弃了具象的那种“纯”抽象摄影。

在正常情况下，如果背景光强度远大于主体所受光强，我们一般按背景光强度值进行曝光，那样会得到轮廓清晰的剪影、半剪影。

如果背景光强度有所减弱，比如在日落或者室内遇到背景与主体之间具备强光比条件时，我们也可以采用较小的景深，使物体变得模糊，就可以得到轮廓朦胧的剪影、半剪影效果，可以增强画面的朦胧感、神秘感和动感，加强画面的表意性。

逆光照明是利用物体投影进行画面构图的有利光线。投影的长短决定于光源的高低，光源位置偏高，投影就短；光源偏低，投影就长。投影的长短，是表现时间感的有效手段。投影投射在被摄体和摄影镜头之间，对画面构图以及形式美也是很有意义的。

逆光可以强化空间感，有利于强调景物之间的数量、距离、规模、气势，增强空气透视，增强层次感。逆光可以给每一层景物都勾勒出一个轮廓光，使其与背景以及其他景物清晰地区分开来。逆光还可以照亮空气中的介质。

逆光照明往往会产生光束效果，光束是一种特殊的光线效果。形成光束效果还需要两个条件：一是背景比较暗，可以突出明亮的光束；二是空气中有足够的介质，如雾和烟，使光束现象得以强化。

逆光照明可以形成较大面积的阴影，它是构成画面暗调效果的重要因素。逆光形成暗的背景，不但可以突出主要表现对象，还能简化背景，此外，暗的背景又是藏拙的理想手法。

利用变焦距镜头进行逆光拍摄，还可以产生光环和光晕，它们也有助于增强画面的表现力。在影视运动摄影或影视中拍摄运动物体时，经常会利用逆光照明拍摄被摄体在光源与镜头之间穿过，从而形成光线的闪烁效果，这样阳光仿佛成为一种活的、运动的因素，产生了弹奏阳光的效果。在影视摄影用光中，摄影师往往通过被摄对象的运动或者摄影机的运动来调度光线、干预光线，从而形成丰富的光影变化，使光影动起来，这是影视摄影用光与绘画、图片摄影用光的不同之处。在电影《红高粱》中，顾长卫就很好地利用了被风吹动的高梁在太阳和摄影机之间来回摆动，形成了光线闪烁的效果。

在中国的影视摄影中，许多摄影师非常偏爱逆光、侧逆光，许多抒情性段落都会布置逆光、侧逆光进行拍摄。而且，为了追求画面的视觉效果，追求连接的流畅，导演和摄影师们常常发挥蒙太奇剪辑再造屏幕空间的特长，将不同的被摄对象分别在逆光、侧逆光条件下拍摄，再通过剪接组合成在同一空间面对面的效果，这就是人们常常在影视剧作品中见到的同一场景"逆光接逆光"现象。张艺谋导演的电影《我的父亲母亲》可谓将逆光、侧逆光的作用发挥得淋漓尽致，其中"逆光接逆光"的情况也不少。如招娣在学生放学的路上等老师一段，老师带着学生过来后，招娣赶紧躲到路边的树林中一边随着他们运动一边向路上张望，而老师和孩子们一边唱着童谣一边在路上欢快地走着。这一段堪称这部电影的经典段落，其对于招娣、老师及孩子的拍摄、剪辑就采用了前期分切拍摄、后期"逆光接逆光"剪辑的方法。此外，在影片中，招娣"织红"一段，在室内拍摄，在用光上也是采用了同样的方法。

逆光照明的画面，可以清晰地勾勒出物体的轮廓，画面装饰感较强，易于产生悦目的视觉效果，往往能给人以"光彩照人"的感觉，从而受到人们的喜爱。然而，逆光画面的拍摄成功，需要较高的摄影技术、艺术水平，如果处理不当，拍摄逆光画面也是比较容易失败的。

在一般情况下，拍摄逆光画面要注意选择较暗的背景和陪体，只有这样才能衬托出主体边缘的明亮部分，才能突出物体的轮廓光。如果选择较亮的背景和陪体，则主体往往会形成剪影、半剪影画面，重点展现的是其轮廓形态，而不能对主体事物进行细致的刻画。

拍摄逆光画面，要注意运用辅助光。辅助光原则上不能亮过主光，否则背光面太亮，轮廓光消失，失去了逆光的真实效果。辅助光不能产生投影，即不能过偏、过亮，否则会破坏整体艺术效果，产生多光源的情况。在影视纪实节目中，采用运动摄影方式拍摄时，人为地给被摄对象加用辅助光，有一定的局限，所以要有意识地学习运用主体周围的景物来补光，如墙壁、地面、报纸等。

逆光照明要充分考虑到明暗比例，确定准确的曝光。如果加用了辅助光，则可以人为地控制光比，按画面中最重要的部分曝光，保证最主要部分的影调层次得到最好的表现。在没有辅助光时，常常采用以下三种曝光方法：

一是按暗部曝光，当景物最有变现力的部分位于光影的暗部时，为了重点保证暗部的层次，从而采用这种曝光方法，造成画面的亮部曝光过度从而失去亮部层次。

二是按亮部曝光，当以表现被摄体的轮廓形态为主要任务时，会以亮部为基准进行曝光，使亮部层次保持最好，从而失去大部分暗部层次，形成剪影、半剪影效果。

三是亮暗兼顾曝光，既照顾亮部层次，又考虑暗部层次，取亮暗之间的中间值进行曝光，这种方法可以保留景物的大部分层次，但是亮部和暗部都有一定的层次损失，主要适用于景物的最有表现力的部分处于中间影调时。

在自然光下拍摄逆光画面，往往要注意时间的选择。选择早晚低角度光线拍摄，由于光线入射角度低，不仅易于获得较亮较窄的轮廓光边，有利于勾勒物体轮廓，而且易于得到较暗的背景。此外，黄昏日落和黎明日出时拍摄，太阳既是光源又是拍摄对象。这一时刻光影和光的色温变化非常丰富，天空与地面景物被蒙上一层金黄色、橙黄色或橙红色，从而形成一种暖色调，这时往往能拍摄到较好的作品。而中午高逆光，轮廓光效果减弱，景物的轮廓光线条变宽，光照度强烈，不如其他时间效果好。

拍摄逆光画面，由于光源来自镜头的对面，光线极易穿射进镜头。这种光线有时可以造成耀眼的“光芒”效果，可以使各被摄对象在画面中形成巨大的反差，形成视觉效果强烈的影视画面。然而，在采用这种方法拍摄时，要尽量快速的完成拍摄，避免让镜头长时间对着太阳拍摄。

在大多数情况下，逆光拍摄都要尽量防止光线直接照射进镜头，因为这样会造成对镜头的损害(由于镜头是凸透镜可以聚光聚热，长时间对着阳光拍摄会烧坏镜头)，或造成嗤光、眩光，对画面效果造成不良影响。在一般情况下，要加用遮光罩(摄影机、摄像机会使用专业光斗)或用其他物体对镜头进行遮挡，防止光线直接穿射镜头。也可以使用长焦距镜头避免镜头进光，因为长焦距镜头视角比较窄，并且可以使拍摄者在远距离躲入阴影中进行拍摄，可以有效地减少镜头进光的可能性。在影视摄影中，还可以请摄影助理或者照明助理使用黑旗、反光板等工具遮挡穿射进镜头的光线，只要遮挡物的投影落在镜头上，就可以避免光线直接照射镜头。

六、顶光

顶光是来自被摄体上方与水平线构成九十度角的光线。在顶光照射下，被摄体的投影垂直地落在下面，有利于表现物体顶部的形态。如果用这种光线拍摄人像，则眼窝、两颊和鼻下均有浓重阴影，会造成奇特的形态，故一般不宜采用。宜用做装饰光，如人像发光等。

七、脚光

脚光是来自被摄体下方的光线，分为平射脚光和仰射脚光。它是一种反常的光位，其效果与顶光相反，投影落在景物的上方。除特殊需要外，一般只用做辅助光。脚光照射人物时，其下额、鼻孔、两颊明亮，鼻梁、眼窝和上额部分则形成阴影，形成一种反常、怪诞的造型效果。脚光常常可以增强画面的恐怖气氛或威严感，在某些场景(如时装秀舞台)还可以带来一种魅惑感和时尚感。在影视剧摄影中，脚光的使用常常以现场光源作为其用光依据。拍摄全身像或团体像时，脚光可以弥补下部照度不足。在摄影造型上，脚光可用以表现形象底部的轮廓和细部。构图时，脚光往往用以平衡作品画面影调，以防上亮下暗。

第三节　室外自然光的特点及应用

自然光一般可分为室外自然光和室内自然光，室外自然光又可以分为室外直射光和室外散射光，在这里我们首先分析室外自然光。我们在研究室外自然光的基本特征之前，先要了解什么是自然光。所谓自然光，泛指以日光、天体光、月光等天然光源来照明的光。在许多情况下，摄影艺术创作是在自然光下进行的，自然光的多变性、丰富性也是摄影艺术重要的表现对象，自然光照明所提供的绚丽多彩的造型效果以及它的生动性、真实性给人们提供了无限的审美感受，因此，自然光备受摄影师的喜爱，是摄影创作的主要光源。

一、室外自然光的特点

室外自然光的变化规律，是宇宙运动的结果，是地球自转运动的结果，是自然天体、气象运动的结果。因此，室外自然光最根本的特点是运动。具体而言，其特点包括以下几个方面。

光线的入射角和景物的光影随时间的推移而发生规律性、周期性的变化。光线入射角由平行照射逐渐变大，当达到垂直于地面照射后，光线入射角逐渐变小，变成在景物或物体的另一侧的平行照射，物体的投影由长变短、由短变长。

图 7-3-1　电影《金刚狼 3》截图

光线的色温也有规律性的变化。入射角小时或平行照射时，长波光增多，色温偏低；入射角逐渐变大时，色温随之升高；入射角转而变小，色温随之降低。自然光的光谱成分变化、色温变化，在一定程度上影响着景物的色彩。比较显著的有三个方面：一是日出前和日落后，景物由天空散射光照明，此时光的色温偏高，天空呈浅蓝色，景物的色彩受到微弱的浅蓝色光的影响；二是日出后和日落前短暂的时刻，太阳光中的长波光较多，色温偏低，如同披了一层浅橙黄色，三是夜幕降临时，这时太阳光照明的景物似乎被涂上景物表面的色彩特征也逐渐随之去。太阳光在斜射、顶射时，基本上是白光照明，景物的色彩特征得到正确的反映。光线照明强度也有由弱变强、由强变弱的过程与规律。光线的反差也是由弱变强再由强变弱。投射角度在零度以下时，是散射光照明，景物在天空散射光的照明下反差较弱；随着太阳投射角度进一步变化，太阳光变成直射光，太阳光的照度也增大，景物的明暗反差也变强。

室外自然光的照明效果是简洁、统一、真实的。整个地球表面是处在由太阳光和天空反射光所组成的自然光照明之下。由于太阳及天空是一个极大的发光体，它们所发出的光照明范围极大，照射到整个地球表面，因此照明效果简洁、统一、真实。简洁是指太阳产生的光影，其投射的方向及形式明确，在太阳光的照射下不可能形成多个杂乱的影子。统一是指被摄体无论是人物还是景物，光的强度是一样的，被摄体的亮度差异是由它们的表面反光率决定的，由于光的投射方向的明确性，所构成的尤影方向也是一致的。因此，光的造型效果是统一的。

室外自然光对各种景物进行平均照明，在一定时间内，光源可以对比较大范围内的场景进行照明，光线统一，可全面反映事物特征。此外，平均照度还有利于满足摄录技术对于亮度的要求。

室外自然光为摄影创作提供了丰富的创作手段，但是有时候室外自然光也会给摄影带来不利的因素，这主要是由于其具有多变性。光线的多变性会带来光线的不稳定，不稳定包括自然光照明性质的不稳定，以及对光的色温和物体表面色泽、轮廓形态、质感等方面的影响。室外自然光的变化带来景物造型效果的变化，这种变化主要是由光的投射方向变化和光的性质变化决定的。由于室外自然光的运动规律形成它的投射方向的变化，有时对景物造型十分有利，有时则十分不利，有时美化了景物造型，有时甚至丑化了景物造型。同样，光的性质对景物造型的影响也非常大。光的照明强度的不断变化有时会对我们的曝光控制和画面的亮度结构控制带来不少困难。比如在日出前后和日落前后，在阳光的平射时期，阳光照度变化非常快、非常大，这对于经验和技术手段不足的人来说，往往造成拍摄上的诸多困难。光的强度变化有时还会使我们难以进行拍摄，例如光线非常弱，感光材料难以在瞬间感光，或景物在弱光下，不能展现它的外形特征。光线较强，亮部不能兼容进来，景物外部特征也不能得到正确展现。另外，室外自然光对各种景物“一视同仁”，进行平均照明，不利于突出主要场景和主要对象。

二、室外自然光的应用

(一)对自然光进行选择

并不是所有自然光照明效果都符合创作要求。创作主题对场景、环境、照明及光线条件有直接或间接的具体要求，需要对自然界光线的照明以及天气条件进行选择。选择合适的光线照明条件，是主题表达、气氛再现、意境生发的关键。

要选择可以烘托气氛的光线效果。这是利用光线的特殊效果，表达作品的内容。例如日出和日落时的特殊光效，不但可以形成独特的造型——剪影、半剪影、暖色调的影调结构等，还可以使人感到一种色彩美、光效美，容易引起人们的联想，渲染气氛，唤起人们的情感，这些直接影响到观众对作品艺术美的感受和审美情感。

要选择真实的自然光造型效果。光线造型处理的真实性是摄影用光的生命力和美的原则。室外自然光中，许多光线效果都是摄影的表现对象之一，如朝霞、晚霞、日出、日落、顺光、侧光、侧逆光等。每一种光线都有它的造型效果和审美价值，我们要根据创作要求，在纷繁复杂的自然光中进行选择，使画面上的光线造型富有较完美的、有意义的造型效果和审美情趣。

要选择有利于景物造型的光线效果。如有时需要用顺光进行造型，有时需用侧光或侧逆光进行造型，总之要利用光线来刻画景物的外形美。除此之外，还要善于利用光线等所创造的气氛、基调来烘托、渲染景物在一定情境中的情绪和情感，使光线成为创造景物艺术形象的有效手段。

对光线的选择主要体现在光线的照度、光线的色温、光线的方向、光线的性质四个方面。

太阳光在经过大气层时，其中一部分光线被吸收，一部分光线被反射，一部分光线投射到地球表面。所以，投射到地球表面的光线，受到大气层的影响，即自然光的照度、色温受到大气层的密度、厚度和浑浊度的影响。大气层浑浊度大，自然光的照度就低，光的色温偏高，如果浑浊度过大，较大程度地影响太阳光的投射性质，则光的色温会更高。但在黄昏、早晨时段，由于光线中含有长波光成分很多，色温又偏低，故此时大气的浑浊度对光的色温影响就很小。大气浑浊度小，太阳光的照度就大，色温正常。大气层的厚度对太阳光的照度也有影响。我们把自然光投射到地球表面的情况分成三个方面：平射时期、斜射时期和顶射时期。平射时期太阳光通过的大气层比较厚，阳光被反射和遮挡的也比较多，所以照度就小。另外，这一时期阳光中的短波长光被吸收、散射的也比较多，而长波光被吸收或散射的较少，所以此时投射到地球表面的阳光含有较多的长波光，而色温低。斜射时期，太阳光透射空气层的距离要比平射时期小得多，所以照度高。另外，这一时期太阳光中各种波长的光比较均衡，所以它呈白光性质，色温正常。总体而言，大气层厚度大，太阳光的照度就小，色温偏低；大气层厚度小，太阳光的照度就大，色温趋向正常。大气层的密度对太阳光的照度和色温也有影响。大气层中云雾层越厚，密度就大，太阳光的照度就偏低，色温偏高；大气层中云雾层越薄，照度偏大，色温趋向正常；大气层中晴空万里，照度最高，色温正常。

太阳光的投射方向在一天之内是不断变化的，光线的投射角度是由低(日出)到最高(正午)又到低(日落)不断变化着的。阳光投射角度的变化，一方面决定了光的性质，更重要的是改变着被照明的景物的亮度范围、明暗反差和气氛，而这些变化和摄影创作有着密切关系。

太阳光的角度变化，改变着天空与地面的亮度关系。如果将地面当做水平线，随着太阳光的投射角度由平射、斜射和顶射再到斜射、平射的变化，不断地改变着天空与地面景物的亮度关系。平射时期(日出、日落)，由于太阳光的投射方向与地平线几乎平行，所以地平线受光量较少，地面显得较暗，而天空则显得较亮，所以天空和地面的亮度间距很大，在逆光、侧逆光的情况下，亮度间距更大。这是一个很有特点的亮度关系，有着丰富的造型特色。面对这种情况，摄影师要选择画面造型特色，集中强调最主要的对象，简化不需强调的对象，从而构成这一时间段独有的造型效果。由于亮暗间距大，也会给曝光控制带来一定的困难。除了使画面获得正常的曝光量之外，还要根据画面气氛及创作意图的要求，灵活控制曝光，以获得理想的画面效果。斜射时期，太阳光对地面的投射强度增加，天空亮度和地面亮度间距缩小，景物的大部分亮度为感光材料的宽容度所容纳，这是能获得理想的影调、色调结构关系的光线。顶射时期，几乎处在垂直照明的情况之下，地面亮度和天空亮度之间的亮度间距就比较小。

太阳光投射角度的变化，改变着景物的明暗反差。平射时期，太阳光比较弱，照度偏小，所以景物的明暗反差就小。斜射时期，太阳光的照度大，景物被阳光照明后，就会形成明确的明暗反差关系。顶射时期，太阳光照度更大，景物在阳光下显示的明暗反差就更强烈，即反差大。

自然光的投射角度改变着景物水平面和垂直面的亮度。平射时期，景物垂直面的亮度比水平面的亮度要高。随着太阳光投射角度的变化，到斜射时期，景物垂直面和水平面的亮度就比较接近。而到顶射时期，景物的水平面的亮度往往会高于垂直面的亮度。

光线的投射角度改变着景物的色调和影调。太阳光不同的投射方向，有着不同的造型效果，自然也有着不同的色调和影调。平射时期，太阳光的色温偏低，被照明的景物都会在偏暖色的阳光下带有浅浅的暖色。另外，阳光的照度也显得比较低，景物的反差小，影调、色调显得柔和。斜射时期，太阳光是白色，色温也正常。所以在白光照明下，能较好地表现景物表面的固有色。另外，斜射时期，景物的明暗反差适中，所以能较好地表现景物的色调和影调。顶射时期，太阳光的照度最大，景物反差大，影调显得硬。阳光的光谱成分基本上是白光，但色温略偏高。这一时期，景物的影调和色彩的重要特点是明暗反差大、影调硬。日出前和日落后，在太阳升或降的方向上，天空呈暖色，但其他地方的天空呈各种不同的蓝紫色。景物的色调偏暗，景物表面色的特征受到较大的影响，尤其在阴影中，影响更大。景物亮度与天空亮度的间距比较大，而景物自身的明暗亮度间距却比较小。这是一个明暗亮度关系比较复杂的光线照射时间，而且维持这一光线效果的时间又比较短暂。随着时间的推移，日落后天色越来越暗，景物的一部分外形特征逐渐消失。日出前天色越来越亮，景物的外形特征逐渐显现。

由于太阳光的投射角度以及天体和气象运动的变化，在自然光中形成多种多样的光线效果，随之也给摄影光线处理带来丰富多彩的造型变化。太阳直射光直接照明景物，形成明暗的造型效果。太阳光构成主光，起到了塑型作用。因此，它是外景光线处理中最主要的光线。天空光是散射光，它照明景物的阴影部分，成为辅助光，这对形成景物的立体感、纵深感、质感以及强调层次都有重要作用。太阳光投射到景物表面，景物表面反射太阳光，成为反射光。反射光的强弱会影响景物的色泽及亮度。

(二)弥补自然光照明的不足

在一个相对的时间范畴内，室外自然光对场景和物体的点和面、近处与远处的照明亮度基本一致，而且面积很大，范围很广，照度很高。对于摄影来讲，这种统一性有利有弊，利在于光源的普遍照射能较全面地反映场景以及物体的特征、外貌，同时能够满足摄录技术对光线亮度的要求；弊在于"一视同仁"，不能重点突出主要场景以及主要对象，景物在主题表达上具有同等地位。室外自然光照明这种整体照明有余，布局重点照明不足的特点，使得许多场景和镜头需要人为地进行修整与处理。主要表现为：局部需要突出和强调的东西被置于阴影部位，背景太暗从而失去层次，需要表现的线条不明显，前景过亮从而失去透视。这些都需通过要适当的照明处理来弥补。

(三)人为调整室外自然光的反差

在自然光的直射照明中，自然界的高反差现象非常常见，在很多情况下，感光材料不能正确记录其明暗层次，有时会出现失真现象，需要进行人为的修饰与调整，加强其暗部照明亮度。在物体表面自然光反差小时，又需进行人为的调整来提高一部分景物的亮度，加强其亮暗对比。这种反差的合理调整，是室外自然光运用的一项主要任务。

(四)对被摄体暗部偏色的校正

偏色常指景物或人物在照明不足或不均匀的情况下产生的颜色不正常的现象。在室外自然光照明下的大面积阴影部分和逆光照明下的景物暗部，由于色温高于受光部分，经常会出现这种现象，这就需要加光或进行适当的辅助光照明，从而达到色彩协调。除此之外，环境色的影响，如红墙、草地、麦田等也会造成偏色现象。

(五)模拟和再现特殊的光线照明效果

特殊的光线效果常指湖光的波动、行驶的车中人物和环境的忽明忽暗、阳光透过树叶的间隙在地面或人物脸部闪动的光斑、风雨欲来时的雷光闪电等。这些特殊的光线效果，有时与表现的主题和特定的情绪有密切联系。对此，自然光照明往往不能准确、完美地加以再现，这就需要人为地进行调整，进行模拟照明。

室外自然光可以分为室外直射光和室外散射光两类。室外直射光有明显的方向性和明显的光影，景物有明确的受光面、阴影面、投影，不同方向的光线可形成物体不同的明暗配置及形态表现。室外散射光没有明显的方向性，没有光影，照明均匀，没有明确的受光面、阴影面、投影，物体层次细腻，但影调平淡，立体感差，色彩表现上有平涂效果。

第四节　室外直射光

室外直射光照明，通常指太阳光没有被云雾和空气中的介质遮挡，直接投射到地面上的光线。在室外直射光照明下，自然界中的景物和物体表面有较明显的受光面、阴影面和投影，光线有明显的入射角和投射方向。

在室外直射光照明下，如果注意光线时间、光线入射角、光线强度、光线色温的选择，就能较好地再现时间概念、气氛效果、立体形状、表面质感、空间透视等。室外直射光具有丰富的变化，给我们提供了多种创作可能，但是由于受时间、地理条件、场景环境的影响，光线条件会发生很大变化，使其变得复杂化。仅以一天内的时间变化来看，就可有许多不同的光线效果。为了便于分析和研究，我们大致把一天中的室外直射光分为三个大的时间段。

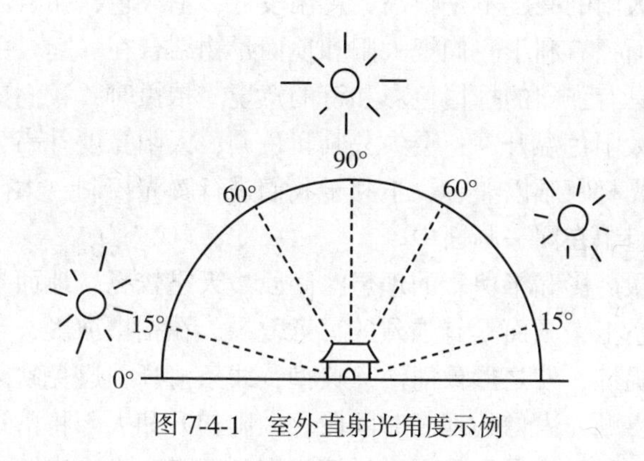

图 7-4-1　室外直射光角度示例

一、日出与日落(早晨与黄昏)

太阳从地平线升起零度至 15°角以内和太阳落至十五度至零度角以内这个时间范围，是太阳初升和将落的时间，又叫做早晨与黄昏时间段。

这个时间的光线很有特点。首先，光线比较柔和，太阳的光线要透过浓厚的大气层，穿过晨雾或暮霭投射到地面上，由于空气中介质的作用，到达地面的光线被大量散射，光线比较柔和。其次，地面上受光景物与阴影中的景物明暗反差较大，由于入射角度低，所以直接投射到地面上的光线较少，此时地面反射、散射光的能力较差，物体的背阴面得不到充分的散射光照明，所以与受光处的亮暗间距相对较大，反差较强。再次，物体的投影很长，由于太阳光近似于平行照射，它的入射角度很小，地面上物体的投影比较长，长长的投影不仅可以表示时间概念，还是一种很好的造型元素。并且，这个时间段光线的色温较低，约在 2800K~3400K 左右，阳光中多橙红色和橙黄色，用日光型胶片拍摄，画面会明显偏暖。用摄像机拍摄时，一般直接用 5400K 色片预置色温调白平衡，可以使画面保持应有的暖色调。早晨和黄昏的光线还具有时间短、变化快的特点，光线的亮度和色温都变化很快。在拍摄时，要求我们时刻注意光线的变化，及时调整曝光组合以及调够色温，防止画面发生偏差。还要注意提前安排拍摄计划，以便集中、充分地利用早晨和黄昏的光线。

早晨和黄昏是适合于拍摄抒情写意画面的时间段，在这个时间段，空气中有晨雾、暮霭笼罩，景物有朦胧感，天空中呈各种形状、各种颜色的云霞本身就是很好的造型、抒情元素，容易寄托人们的主观情感，容易引发联想。需要我们注意的是，在早晨和黄昏拍摄，无论天空的光线色彩、云霞形状多么漂亮，最终决定画面是否成功还要取决于地面景物。如果地面景物没有好的轮廓，则画面很难获得成功。早晨和黄昏的光线色温较低，可以给各种景物蒙上一层暖色调，光线的色彩感较强。

早晨和黄昏是拍摄逆光、侧逆光画面的理想时间段。由于光线入射角度低，可以勾勒出被摄景物的轮廓。轮廓光是一条窄窄的光边，而且早晨和黄昏容易给被摄体找到较暗的背景，可以衬托出轮廓光。逆光、侧逆光还可以强化空气透视效果，有利于表现空间、规模、层次。

早晨和黄昏时，太阳的亮度不是很高，色温较低，呈红色，而且高度较低，这有利于将太阳直接结合进画面，有利于我们把太阳和地面景物结合在一起。由于太阳是一种抒情性元素，所以画面会具有强烈的抒情色彩和诗的意境。拍摄时，我们要注意在太阳亮出光晕之前拍摄。否则，太阳色温升高，会失去其暖色调；太阳亮度升高，会造成其与地面景物亮暗差距过大，感光材料难以兼容，不利于我们进行曝光控制；太阳高度升高，不利于我们将其与地面景物组织在同一画面中。

早晨和黄昏是拍摄剪影和半剪影的理想时间段。天空较亮，地面景物较暗，可以将地面景物剪影衬托在天空上，画面具有强烈的写意效果。在拍摄剪影、半剪影画面时，要注意地面景物的选择和提炼，使之形象简洁、典型，线条清晰，避免缺乏章法。

早晨和黄昏是拍摄顺光人像的理想时间段。太阳初升和太阳将落这段时间，光线非常柔和，人脸表面质感细腻，有柔和的层次过渡，有利于表现人物皮肤的颜色和质感。在这个时间拍摄顺光人像，由于太阳亮度还不是很高，人物面对阳光可以从容地睁开双眼，不会觉得阳光刺眼，随着太阳的亮度升高，再拍摄顺光人像很容易造成人物的眯眼现象。如果在早晨和黄昏采用侧光拍摄人像，由于光线近似于平行照射，造成睑部的投影不理想，阴影会出现在人物脸上暗部的颧骨部位。在早晨和黄昏采用逆光拍摄人像，需加用人工辅助光照明，缩小画面明亮的轮廓边缘同暗部的亮暗差距。

早晨和黄昏是利用物体的投影来进行创作的理想时间段。早晨和黄昏的光线入射角度低，物体的投影很长，它可以间接地反映物体的形状。物体的投影还可以表现空间透视，造成近暗远淡、近深远浅的画面效果。我们还可以通过投影的多少、大小、长短变化，来表现一种强烈的时间概念。此外，投影还具有含蓄、优美、富有寓意的特点，可以引人联想，给人留下较大的思考、想象的空间。物体的投影往往还具有某种象征意义，与该物体具有某种千丝万缕内在的、本质的联系。

其实，不仅仅是早晨和黄昏的光影具有较强的表现力，在其他时间段，如果光影搭配得好也可以获得很好的画面造型效果。

影子的表现有直接、间接两种。直接表现即“那种与投射物体直接连接在一起的阴影”，有影也有物。这种直接投影能交代时间概念和物体富于变化的影子形态，它“能把这些生命体形状以及它们的一举一动都逼真地再现出来，但它们自身却是透明和非物质的”。观众对物体的“弦外之音”的想象，一般局限在造成这种影子变化的物体或光线本身。间接投影一般较含蓄，应用范畴较广，写意效果较浓。有时影子在一些画面中是主要的表现对象，能给观众的想象提供余地，如人的睑上树叶影子的晃动、地面上各种物体“变形”的投影、室内墙壁上的门窗的投影等。

早晨和黄昏的光线也有一定的差异。早晨光线纯正、清新，含杂质少，空气中的介质主要是水汽，光线透射多、散射少；黄昏光线受暮霭和大气中灰尘影响，被介质大量地散射，比较浑浊。由于受色温和大气影响，早晨光线常为橙红色、亮黄色，远离太阳的部分光线稍偏蓝色，而黄昏光线常为橙黄色、昏黄，色调比较浑厚。从反差来讲，早晨的光线反差比较明显，有一定的亮度对比，傍晚光线则较柔和，反差缩小，对比不明显。

二、正常照明时刻(上午和下午)

太阳投射高度由 15°升至 60°和由 60°降至 15°这个时间段，常常被称为正常照明时间段。这个时间是人们上班、工作、学习的时间，人们对事物的认知和把握也是以这个时间段的观察结果为基准的。

在正常照明时间，光线条件比较稳定，光线的亮度、色温在一段比较长的时间内不会发生太快、太大的变化，与早晚相比截然不同，可用于拍摄的时间比较长，给创作者充分的选光、调光的时间，可以进行大段落的、整场整段的拍摄。

此时段的光线入射角度在 45°左右，被摄物体有明显的受光面、阴影面和投影，地面上的反射光和天空中的散射光相互交织在一起，在被摄体周围形成了明亮而柔和的散射光，能够给予景物或物体阴影部位以辅助光照明，使被摄体明暗反差鲜明而正常，影调层次丰富而柔和，物体的立体感和质感都能正确表现。有时为避免反差大，也可加用适当的辅助光照明。

正常照明时刻的光线色温在 5400K 左右，持续时间较长，有利于被摄物体色彩的正常还原。可以使被摄物体的色彩都得到正常还原，受光面和阴影部分的反差比较正常，既有明暗对比，又保留有足够清晰的层次。

三、顶光照明时刻(中午)

太阳投射角度在 60°至 90°和 90°至 60°范围内的时间段被称为顶光照明时段。这个时间段的光线在外景照明中较难处理。

此时太阳的位置几乎同地平面垂直，光线照度比较强烈，景物的顶面和地平面亮度很高，而垂直面受光少，物体的投影较短。由于投射的光线规律地呈现自下而上的反射，使得物体的阴影部分和垂直面接受散射的补助光较少，所以反差比较大，受光部分和阴暗部分的层次与质感不能得到正确的表现。有时由于感光材料宽容度较小，还会造成物体影像的失真和变形。

一般来说，人们在这段时间里情绪比较低落，精神状态不佳，生活和工作的节奏缓慢。在这个时间拍摄以人物为主的画面，顶光照明对于人物的面部造型以及形态会起歪曲丑化作用，人物的头发、额头、眼眶、鼻尖、下颚等部位接受了照明，而脸部其他部位有明暗差别极大的投影，呈骷髅状。

顶光照明固然有它的不足，却并不是说在这个时间里一律不准拍摄。如果能认知、熟悉和掌握顶光照明的一些特点，并加以弥补、改善处理，还是能够把不利因素转化为有利因素，较好地运用这个时间的光线。

首先，我们可以尽量选择、充分利用多层景物和重复景物，形成景物自身多层、重复排列的透视线条，利用顶光照明和俯角度拍摄，让物体明亮的顶面同后面物体垂直面的暗部相重叠，形成明显的轮廓光条。这时人们会惊奇地发现，景物前后层次的透视关系出现了。多层景物和重复景物的选择与利用，人为地起到了强调作用，强化了空间透视效果。

其次，我们可以改变被摄体的位置，将被摄体调整到阴影部位，变直射光为散射光，这样就可以解决直射光照射带来的明暗反差较大、难于兼容的难题。在电视纪实摄影中，由于摄影器材配备相对简单，所以在条件允许时，遇到顶光照明的情况，我们往往是采用调整被摄体位置的方法进行拍摄，也就是说将被摄对象置于阴影部位，变直射顶光为散射光进行拍摄。还可以将被摄体的主要部位调整到统一的明亮或阴暗的区域，然后按被摄体的主要部位确定曝光组合，保证主要部位的层次，舍去其他次要部位的层次。

再次，我们可以人为改变顶光投射状态，变直射光为散射光。顶光照明时段，空气中水蒸气少，亮度高，亮暗差距大，可利用遮光方法弥补其不足。遮挡方法一般有两种：一是大面积遮挡光线，如利用白布(纱布、绸布等)把拍摄现场遮挡起来，变直射光为散射光照明，使整个场景亮度均匀，反差柔和；二是局部遮挡光线，如拍摄以人物为主的画面(尤其是以人物神情为主的画面)，可在人物上方用遮挡物遮挡光线，也可利用人物自身的装饰物(如草帽、伞等)挡住顶光光线，使脸部置于阴影部位，按阴影部位进行曝光，也可收到理想效果。

另外，我们还可以加用辅助光，改善明暗反差。可适当考虑加用辅助光照明，缩小被摄体亮暗部分的差距，减弱顶光照明造成的骷髅状效果。常用的工具为反光板、高色温灯具，给予暗部补充照明，使反差得到缓和与调整，使阴影部分的细微层次得到表现。

专门利用顶光照明的不足与缺陷，符合主题创作的需要，也是顶光运用的重要方法。人们常说特殊的光线有特殊的效果，顶光照明具有其他光线所没有的特点，它可以给观众强烈的时间印象，带来疲惫、辛劳、压抑、艰辛、煎熬等感觉。抓住观众的这种心理，有时专门选用顶光时段的照明，可以收到良好的效果。正因为这一点，所以有的摄影家极喜欢用正午垂直照射下的阳光进行拍摄，如墨西哥摄影家曼纽尔·艾弗瑞·布拉弗说："这种由头顶照下来的光线，使人落入无法闪躲的处境，任何人都有一种不得不完全暴露在外的感受。好像所有的人都要找一个角落躲避，而却永远无法如愿一样。"

第五节　室外散射光

室外散射光，主要指光源被密度不均匀，存在于太阳与地面之间的大量云、雾、尘埃等介质遮挡，间接地投射到地面上的光线。散射光照明的天气主要包括：日出前和日落后(天光照明时间)、阴天和薄云天、雨雪天、雾天、晴天的阴影中等情况。

室外散射光照明所包括的各种不同情况比较复杂，但它们都有比较接近的特点：光线柔和，照明均匀；亮暗反差小，影调较平；光线无明显的投射方向；色温偏高，色调偏冷；物体受光面、阴影面、投影不明显；面上照明与点上照明区别较小。室外散射光的个性是其他天气条件下的照明所没有的，我们将从以下四个方面分析。

一、日出前和日落后(天光照明时间)

所谓天光照明时间，是指太阳欲升时光线投射角度由地平线以下15°到零度和太阳刚落时光线投射角度由零度至地平线以下15°这段时间的光线照明。

在这个时间段，天空中色温不一致，天空色调变化明显。接近太阳位置的天空，橙红色调很浓，离太阳位置越远，橙红色调就越淡，最后被天空中大面积的冷色调所吞没。

在一天之中，这个时刻的光线色温(面对太阳方向平均测试)很低，在1850K~2400K之间，随着时间变化．色温处在不稳定状态。由于色温的变化造成的色调上的微妙变化，给这个时间的光线蒙上了一层迷人的色彩。

这个时刻地面上大面积景物照明的光线主要来自天空的反射光，即散射光，景物的远近层次和局部质感依稀可辨。地面景物承受的光线色温偏高，所以在天光时间拍摄，画面往往偏蓝色。天光照明时间地面景物同天空形成很大的亮暗反差和影调对比，在这种情况下，如果要求摄录材料既能记录下亮部层次又能反映出暗部质感，显然是不可能的。单独对暗部或亮部进行造型处理，舍弃亮暗的某一级、重点照顾某一个方面则比较现实。这个时间比较适合拍摄剪影、半剪影效果的画面，把地面上富有表现力的景物轮廓线条衬托在天空中，运用线条轮廓进行光影造型。所选择的地面上物体的外形、轮廓、线条、形态等，尽量要求典型，同时要清晰和简练，防止线条形状过于庞杂和重叠。

(一)天光时间拍摄夜景

日出前和日落后这段时间是拍摄夜景的最佳时间段，有人称这段时间是拍摄夜景的“黄金时间”。因为人的眼睛的分辨能力，要比胶片和录像磁带敏感得多，人眼能够在很黑的夜晚区分物体与天空的轮廓。

有时借助于天空微弱的散射光，人眼能分辨出物体局部的大致层次。而胶片和录像磁带就没有这么大的本领了，它们只能把星点的灯光变成一个个小亮点，其他的层次全部损失掉了，使景物的外部轮廓同天空融为一体。我们在真实的夜间拍摄夜景，所拍出的画面却失掉了真实的夜景气氛。在日出前半小时和日落后半小时拍摄夜景，天空宛如一幅深蓝或深紫色的天幕，色彩凝重、纯净，富有层次。如果此时路灯和建筑物的反光灯开启，灯光在渐变的天幕映衬下分外闪亮，光比降至最低，是理想的拍摄时机，能获得真实的夜景效果。

天光时间拍摄夜景，首先要注意选择拍摄地点和拍摄方向。拍摄地点的选择，首先要考虑环境特点，选择周围环境亮度较高的景物或物体，如高楼大厦的玻璃幕墙、霓虹灯、路牌灯箱、喷水池、河流、湖泊等。如果遇到雨雪天气，洁白的积雪可以显现原本黑暗的屋顶，地面的反光可以照射到各个黑暗的角落，地面的积水还可以产生明显的倒影，这样可以避免地面景物漆黑一片，单调死板。许多优秀夜景作品，地面上都是有层次的，利用地面反光或倒影结合画面构图，可以收到理想效果。注意拍摄方向的选择，目的在于让天空与地面尽量有区别，使两者不混为一体。在日出前拍摄，镜头应尽量对着日出方向；在日落后拍摄，镜头应尽量向着日落方向。

其次，要注意画面局部高亮度点的配置与处理。夜景画面一般要注意有较大面积的暗部，而且暗部有一定的层次，但更要注意画面局部高亮度点的配置与处理。高亮度点的形成主要依据生活中可以模拟、再现的较亮的路灯、建筑物的照明灯、车灯等特定光源效果。这些高亮度点的配置与处理的最终目的，是为主体创造一个真实可信的夜景氛围。在日出前和日落后的时间拍摄夜景，用人的眼睛来观察，周围环境与景物还有一定的亮度和层次，这样就很容易使人迷惑，忽视景物与环境的高亮度点的配置与处理，结果会使拍摄出的画面亮暗间距太小，缺少反差，亮的不亮而暗的不暗，没有吸引观众视线的地方，这样很容易失去夜景的真实气氛。所以，在这个时间拍摄夜景，要尽量拉大画面的亮暗间距，突出、加强局部高亮度点的照明。在夜景画面中，最亮的部分不应该是天空，而应该是照明灯及照明灯所能照射的某个局部，这些局部(主体所在部位和主体活动区域)要同周围环境及景物形成一定的反差，使画面形成亮暗对比。

再次，要注意现有环境光和人工增加光源的配合。在一般情况下，我们都会以环境光为主要光源，利用人工加光照明需要强调、修饰的部分。在使用人工光时，要注意不能破坏整体光线的效果。

另外，无光时间拍摄夜景要注意画面的空间透视。在夜晚，人的眼睛能分辨远近景物，不仅能看到近处的景物，还能辨识远处的物体。画面应当真实地再现这种情况，防止主体活动区域通亮一片，而远处却漆黑一团，这是很不真实的。在拍摄中，一方面要注意场景的选择，另一方面要注意画面的景物布局，形成有效的远近明暗影调的配置，人为地拉开空间。

还要注意光线来源、光线效果的真实性。画面是生活的反映，夜景是对真实生活的模仿与再现。在路灯下拍摄，毫无疑问光线主要来自路灯，在窗外拍摄，光线主要来自窗内。因此，光源在画面中的合理配置与交代，是十分重要的。要防止违背生活的真实，毫无目的地乱打光、乱加光；防止为满足照度要求、满足被摄体质感表现要求，盲目用光。法国马赛尔・马尔丹说："应该特别指出的是，有许多夜景显得十分违反自然，即使现实中是明显的漆黑一片，并无光源可言，但这些场面往往是搞得亮堂堂的。"生活的真实是艺术真实的基础，片面追求某种光效，满足主观需要，把画面从生活中"分离"出来，把某个"场景"同生活对立起来，是违背艺术创作原则的。

夜景的曝光控制也很重要。曝光是技术的需要，也是艺术的需要。夜最的长时间曝光，往往会使夜间运动的一些光点拉成光的线条，可以充分地表现物体的位移现象。摄像机拍摄夜景，可以通过调整灰片、电子快门、光圈、增益设置来完成。电影摄影机拍摄夜景，可以选用高感光度的胶片，并配合光圈设定来完成。在影视夜景摄影中，为了获得比较理想的画面效果，往往需要利用人工照明灯具改善拍摄场景的光线状况。

(二)白天拍摄夜景

应当说明的是，夜景拍摄并不都是在日出前和日落后进行。有时为了拍摄一些大场面和无任何人工光线来源的场景，常利用白天的逆光、侧逆光和顶光，收缩光圈拍摄。有时在后期制作中，利用技术手段降低画面亮度，造成画面的影像严重曝光不足，也能收到较好的夜景光线效果。晴天在太阳光下拍摄夜景，这种方法其实是把日光当月光用，造成一种月夜的照明效果。在场面较大的段落的拍摄中，由于受经济、灯具不足等条件影响，有时要在日光下进行夜景拍摄。但在日光下拍夜景，有许多实际问题需要认识和解决。"就白天拍摄夜景的技巧来说，所要完成的根本任务是解决一个美学上的问题——由于这种镜头本身是建立在虚假的基础上的，所以拍出的效果很难达到自然。白天的场景是以很明亮的地区为主，外加上这里或者那里出现的一些小阴影。而夜景里的很大面积却是阴影部分，只是偶尔有些强光部分罢了(如果加光的话，也是为了强调整体的黑暗)。你怎样才能把大面积的强光变成大面积的阴影呢?"假的就是假的，但对于照明创作来讲，有时就要利用各种创作手段把假的变成真的。

在太阳光下拍摄夜景，首先要注意制造大面积的阴影。通常的方法是选择晴朗天气，主要使用上下午或接近中午的逆光、侧逆光，使被摄物体处在轮廓光照明的位置上，物体的形态、人物的姿势比较突出，同时利用这种光线可以人为地造成画面背景处大面积的阴影，为在阳光下拍摄夜景奠定一定的真实基础。

还要注意加用辅助光照明。在生活中真正的月夜逆光状态下，人的眼睛不但能较细致地分辨物体的线形轮廓，还能分辨物体暗部的大部分层次。阳光下拍摄夜景，实际上是模拟月夜的一种效果。被摄物有了逆光照明形成的轮廓，还要考虑用灯光或反光板打辅助光再现暗部层次，用光线“寻找”出真实的月夜里人眼的“感觉”，其画面效果是以表现物体轮廓为主，表现暗部层次为辅。

要准确控制曝光量。白天拍摄夜景不能忽视整场夜景的曝光和亮度控制，制造出基本的月夜效果。方法有两种，第一种方法是在前期现场拍摄时，每个夜景镜头按明亮的天空部分确定曝光，但要注意不要按太阳的亮度测光，第二种方法是在后期制作时用技术手段按一定的数值统一降低或压暗所有画面亮度。两种方法中，前者简单方便，可以马上看到结果，但较难准确统一把握每个不同景别镜头的亮度，难以形成一个基准；后者整体效果较好控制，但有时难以照顾到个别镜头的特殊要求与效果。

要注意把握夜景的色调。真正的月夜给人以宁静、缥缈、细柔的感觉，照明常常处理为冷色调，画面应偏蓝色调。

晴天在太阳光下拍摄夜景，要防止天空和背景过多地进入画面。亮的天空和大面积亮的背景是造成夜景失真的主要原因，在实际拍摄中，应使用正确的角度尽量避开它们。如果拍摄大场面无法避开天空时，可使用灰渐变滤光镜或蓝渐变滤光镜降低天空亮度。

(三)夜晚拍摄夜景

按人们正常思维来讲，夜晚拍夜景似乎是“名正言顺”的，但按照光线特点和节目创作要求来衡量，夜间拍夜景并非理想的时间，其效果距离真正的夜景要求相差很大，但较白天拍夜景要真实得多。在真正的夜间，人眼能分辨出远处天边与地面、近处这个物体与那个物体的形状轮廓，能辨别物体的细部大致层次。但摄录材料却没有可能在这种近似于无光的情况下代替人的眼睛，眼睛观察到的物体轮廓、线条、层次，摄录材料都难以区分和辨别。用摄录材料在真正夜间拍摄到的夜景，往往达不到真实的效果，许多地方要“失真”。

真正在夜晚拍摄夜景，首先要注意用光线区别景物远近层次，表现空间透视。夜间拍摄夜景的最大弊病是被摄体周围及背景漆黑一片，缺乏应有的景物远近层次，失去了生活本身的真实。在夜景的布光中，无论镜头表现的景物景别是大还是小，是景还是物，都要注意交代空间距离、前后层次和空间透视，不但要注意局部点上照明，还要考虑到环境背景照明。可以说，夜景拍摄和照明中，被摄体是镜头的主要表现对象和照明的主要对象，但被摄体所处的远近环境的表现和照明，同被摄体的表现和照明具有同等重要的意义。忽视了环境的照明，忽视了夜景的空间交代，也就失去了夜景的真实性。

夜晚拍摄夜景要注意控制亮暗反差。夜景拍摄中，景物的外形、表面的质感、色彩的再现，只有靠人工光源的合理照明才能表现。不加任何光线照明的地方，在画面中将是黑暗一片，毫无层次可言。可是加用人工光线对周围景物照明时，若不注意照明的方式、方法，将会出现摄录材料难以适应的高反差，如被照明的被摄体和缺乏照明的背景环境，被摄体表面的受光部分和背阴部分等。解决的方法是尽量缩小两方面的亮暗差距，把反差控制在感光材料允许的范畴之内。在大场面拍摄中，要重点控制大面积暗的环境和小面积主体及主体活动区域亮的部位的反差。在中近景画面用光中，主光与辅助光、人物与小范围的环境的反差控制，较之大场面会简单容易得多，但也不容忽视。

夜晚拍摄夜景，要避免无影调层次变化的天空过多地出现在夜景画面中。夜间拍摄夜景，天空是巨大的“吸光体”，眼睛感觉到的微弱的天空层次，在画面中早已无影无踪，所以不要让天空过多地进入画面，也不能过多地利用天空作为背景。

夜晚拍摄夜景，可以充分发挥夜间天体的作用。夜间天体主要包括星星和月亮，它们只能在晴朗的夜空出现，它们不仅能够丰富画面造型，而且往往容易与人的主观情感相结合，也属于摄影当中的“抒情性元素”。

月亮是一个迷人的天体，肉眼就可以看清它的形状和颜色。月亮的形状始终以 28 天为一个周期在不断变化，它的颜色也随着大气层的变化而变化。月亮的光线是直接反射太阳光而产生的，因此在拍摄月亮时，采用日光型彩色胶片色彩效果最好，采用黑白胶片效果也很好。如果采用灯光型胶片或者将摄像机的白平衡调整为以 3200K 为基准，画面会偏蓝色，不过这种“偏蓝”比较符合人们日常对于月夜的视觉心理感受，不会产生“失真”的感觉。月亮表面对太阳光的反射和地球上一般景物对阳光的反射一样，所以拍摄月亮的基本曝光组合可按胶片感光速度的倒数确定快门速度、光圈 f/16 即可。照射月亮的光线是不变的，因此无论拍摄圆月还是弯月，曝光值是一样的。然而要拍出月亮周围的光环，则需要增加曝光；在夜间存在薄雾、薄云或其他大气层的影响时，曝光值也需要调整。

由于月亮距离我们十分遥远，因此如果使用标准镜头拍摄，画面上的月亮会显得太小。镜头焦距越长，月亮在画面上的影像面积越大。所以，拍摄月亮往往需要运用长焦距镜头。

拍摄带有月亮的画面和拍摄带有其他天体的画面一样，只是单纯拍摄月亮不会赋予画面很强的表现力，与地面景物相结合才是关键。这一点从中国的古诗中就可以反映出来，“月上柳梢头”、“举杯邀明月”、“江畔何人初见月，江月何年初照人”等，都离不开与地面人、物的结合。将地面景物安排在前景的位置拍摄月亮，地面景物往往会成为剪影，必要时可以采用人工光给地面景物一定的补光，从而保证地面景物的层次。此外，还可以采用多次曝光和叠印的方法处理月亮与地面景物的关系。

二、阴天的光线照明

生活中，人们统称阴霾天和薄云天为阴天。阴天是外景散射光最典型的“代表”，光源的光线被云雾遮挡，地面景物的照明主要依靠天空散射光。在阴云蔽日的阴天，天空就是一个巨大的发光体。它受到大气层中云层厚度的影响。云层厚，天空亮度就低；云层薄，天空亮度就高。散射光照明景物的明暗反差消失，物体表面有极细微的亮部过渡层次，景物的明暗层次只能依靠景物的明暗关系来表现，色彩的特征及表现会受到较大的影响。

阴天时，景物的空间深度感较弱，远近景物叠和，缺乏层次和应有的区别。而且物体立体感差，表面质感也不突出。

阴天时，天空和地面景物的亮度间距比较大。一般光线色温偏高，约在7000K～10000K之间，所以画面明显呈现蓝色。另外，阴天时景物水平面的亮度高于景物垂直面的亮度。

阴天本身也是丰富多样的，既有黑云压城的阴天，也有薄云遮日的“假阴天”等，但它们共同的特点是呈现散射光照明的形态。

薄云遮日的“假阴天”情况下的光线是一种比较理想的光线，其光效比较柔和，照明效果比较均匀，不会形成明显的明暗反差，而且具有较丰富的影调、色调层次，天空呈白色且亮度非常高。薄云遮日的“假阴天”是拍摄室外人像的理想光线，它既能使人物表面有一定的亮暗反差，又能使人物的皮肤质感得到细腻的表现，还能使人物的衣服色彩显得鲜艳饱和。

阴天要注意避开天空，拍摄时尽量不带天空或少带天空，以减少画面过多的白色调，缩小画面内景物的亮度间距，避免地面景物亮度与天空亮度差距过大，使景物的亮度都能容纳到感光材料的宽容度之内，从而获得画面上理想的影调层次。还可利用较暗影调、色调的前景遮挡部分天空，以减少大面积天空的明亮度所造成的明显的亮度间距，从而使景物的影调、色调得到较好的表现。

阴天拍摄要注意选择被摄体的亮度、色彩。因为天空散射光对所有景物进行散射照明，景物与景物之间的区别要依靠景物自身的亮度差异，有时还要利用色别的对比和差异来造型。景物的轮廓形态、外形特征等造型形态主要依靠被摄体的明暗、色调差异来表现。这是决定画面造型成功与否的重要原因。

在阴天的情况下，往往利用暗的前景、远处景物的浅色调形成明暗关系对比，来突出景物的外形特点；减少画面当中天空部分的面积，可以降低画面内的景物亮度间距，形成影调的丰富性；注意选择自身明暗反差或色彩搭配较好的景物拍摄，依靠被摄体自身弥补光线较平的不足，是阴天光线处理的重要内容；在阴天光线照明情况下，还可以有意识地利用天空的高亮度，将地面景物衬托在天空上，以剪影或半剪影处理，突出被摄体的外形特征。

阴天照明也是拍摄景物水中倒影的良好时机，在阴天照明情况下，物体的水中倒影会显得更加完整、清晰、虚无缥缈、婀娜多姿，更易于丰富画面的造型，增加画面的灵性。

在晴天直射阳光照射下，被摄物体阴影面和投影部分主要受周围物体反射光和散射光的照明，其光线照明状况与阴天光线照明状况同属散射光，在光线特点和光线运用方面有许多相似的地方。

三、雨雪天的光线照明

雨雪天具有独特的情调和气氛，雨和雪往往被人们称为抒情性元素，容易引发人们的联想并注入人们的主观感情色彩。雨雪天属于非正常天气，人和其他景物在天气变化时，都会呈现出不同于一般情况下的状态，一些在平时不容易显露出来的、内在的情绪或状态往往会显露出来。

在我国大量的文学作品中，有许多是描写雨景和雪景的，摄影当中更是有很多作品以雨和雪为拍摄对象，雨和雪既可以丰富画面造型，又可以渲染环境特点，强化所要表达的情感。在摄影创作当中，特别是在影视摄影创作当中，基本上“没有无道理、无理由的雨和雪”，雨和雪的处理和运用总是与作品要表现的主题、情感紧密相连。

雨雪天是阴天，所以具有阴天的一般特征。雨雪天又是一种特殊的阴天，是一种特殊的室外散射光照明，呈现以下特点：天空亮度和地面景物亮度的亮暗间距很大；天空光是唯一的光源，由于下雨、下雪，地面景物会显得更暗；光线柔和细腻，亮度平均，景物显得灰暗，缺乏立体感和层次感等。天空光的色温较高，所以景物被浅浅的蓝色的天光照明，景物偏蓝色。地面的积水以及地面有反光或出现景物的倒影，这是非常有意思的景象。雨雪天的夜景中，这种景象会显得更加多姿多彩。

在用光与拍摄中，怎样才能充分突出雨和雪的特点呢？为了强化雨和雪的形象，拍摄时往往要采用逆光、侧逆光照明。现场采光和确定拍摄位置是突出雨和雪特点的关键。雨天和雪天的光线有其微妙的变化，来自天空的散射光，具有一定的投射方向，也可以说具有晴天直射光情况下的光线形式的所有变化。所以，选择逆光、侧逆光角度，可有力地突出雨雪特点，可以将其照得很亮，其他光线形式的表现力则较弱。

雨雪天拍摄往往要设法用暗的环境和背景映衬雨丝雪片，人为突出雨雪特点。在雨雪天实际用光拍摄中，以周围环境中暗色的小屋、墙壁、人群或深色的树丛作为衬托，可加深人们的视觉印象，增强雨雪天的效果。在用光设计时，一般要尽量避开大面积亮的天空和背景。

雨雪天拍摄要充分利用雨雪天特有的景物，渲染现场气氛。雨雪天最常见的有雨伞、雨衣、草帽、斗笠、雨披和塑料布等，还会有积水、水泡等，它们不管出现在什么位置上，都能给观众明确的印象，它们所形成的视觉语言很容易让观众理解。而且五颜六色的雨伞、形状各异的雨披等本身，就是很好的造型元素，可以起到美化画面的作用。

雨雪天拍摄要注意突出雨和雪的位移现象，此外利用长焦距镜头拍摄可以带来纵向空间的压缩，使雨、雪显得更密、更浓，对于加强雨雪的感觉很有帮助。

彩虹是雨天特有的景物，这种情况夏天最多。彩虹是很好的拍摄造型素材，易于寄托人的主观情感。彩虹的出现一般在阵雨过后，顺着太阳照射的方向往往可以见到。拍摄彩虹时，背景最好是颜色较深暗一些的天空，这样可以衬托出彩虹的明亮以及彩虹的各种色彩。拍摄彩虹，在曝光控制方面一般要严防曝光过度，否则彩虹的颜色会变得淡浅，变得不够明显。如果天空比较亮，我们可以用偏振镜消除天空中的偏振光，使蓝天变得深暗，彩虹就会更加明显。拍摄彩虹往往要用广角镜头，这样可以拍摄到完整的彩虹。此外，拍摄彩虹应注意将彩虹与地面景物相结合，只是一条彩虹挂在天空，画面会显得单调，而且难以表现什么主题。地面景物的选择要注意轮廓简练、富有表现力，并非什么地面景物都可以和彩虹组合在一个画面中。

闪电是夏天雷雨天气常有的景物，它是一种高亮度的瞬间发光现象。虽然从物理学角度来说，它不属于弱光的范围，但是由于拍摄闪电往往是在弱光的环境下进行，所以三角架等支撑工具必不可少。拍摄闪电的难度主要在于闪电发生的时间和空间不确定，这会使曝光和构图的难度增加。

在影视摄影当中，许多情况下闪电的拍摄是在摄影棚中利用特殊的灯具或特技效果来完成，模拟闪电的效果。如果想拍摄自然界中真实的闪电，往往需要运用手动光圈，将摄影机架设在三脚架上向着闪电频发的区域拍摄，根据闪电的大小、长短，可以相应地调整变焦距镜头焦距的长短。摄影机拍摄的闪电在画面中是光的突闪突灭，一般情况下不可能等待多次闪电闪光在同一幅画面中曝光。

单纯地拍摄天空中的闪电画面往往不会有太强的表现力，拍摄闪电往往需要将天空的闪电与地面上的景物相结合。地面景物的轮廓一定要鲜明、简洁和富有表现力，在闪电闪光的映衬下，地面景物成为浓重的剪影。电视纪录片《望长城》片头中将地面上的长城与天空中的闪电相结合，使得画面非常富有表现力，颇有一种“天地沧桑、横空出世”的气势。

雷雨天气拍摄闪电要注意器材的保护和人身的安全，器材要防止被雨水淋湿，拍摄位置一般不宜选择在高坡、屋顶、树下等容易招致雷电的地方。

拍摄雪景一般应选择在雪后第二天早晨，这时光线柔和，雪的反光不是很强，树枝等地面景物上的积雪还没有融化或被风吹落，地面上的积雪也没有融化和被践踏污染。雪受到阳光照射，洁白而有层次，景物的投影也比较长，这时拍摄有利于进行明暗影调搭配。

雪天是有利于拍摄高调画面的时间。下雪天地面景物大面积被雪覆盖，大部分景物被蒙上一层白色调，画面容易偏亮偏白，所以容易拍摄高调画面。但高调画面的成功与否，关键在于深色调的选择和处理，要求画面简洁、统一，有明快的影调、色调。

在雨雪天拍摄要注意曝光控制。首先，要防止曝光过度。雨雪天虽然较暗，但由于天空散射光的照明和地面积水的反光，使得景物的亮度并没有人眼所感觉的那样暗。其次，要尽量缩小景物的亮暗差别，准确再现亮暗两方面的质感。雨雪天中的深色物体，常常与其周围的环境形成较大的反差，这种反差在雨雪过后的晴天更为强烈。在照明用光中，要尽量提高暗色物体的亮度，两者实在反差太大时，要重点强调主要对象的层次质感。再者，在选择场景、被摄体的初期就要考虑到两者的反差控制，选择本身既有亮暗差异而且亮暗差异又不是很大的景物拍摄。

雨雪天拍摄要特别注意摄影器材的保护，除了防潮和防止水汽影响画面质量外，更重要的是防止有雨水或者雪水渗入摄像机。一旦有水进入镜头往往很难彻底清除，即使清除也往往会在镜头镜片上留下水渍，影响画面成像质量。遇到这种情况，我们就只能求助于专业维修人员了。拍摄电视节目，雨雪天往往需要给摄像机加上防水罩，即使这样也还需要有专人用雨伞或其他遮雨工具对摄像机进行进一步的防护。雨雪天拍摄，还要防止所用电池因为受潮或者受冻出现电力不足。

四、雾天的光线照明

雾天的光线是室外散射光的一种特殊形式，它不仅具有一般室外散射光的特点，还具有自身的一些特点。“雾”往往被人们视为抒情性元素，容易引发人们的思绪，寄托人们的感情。它往往可以使景物显得虚无缥缈、如梦如幻，在好多情况下人们都会注意到雾的影响。

雾是近地面大气层中的一种天气现象，它是由大量悬浮的水分子或冰晶组成。水平距离能见度在一千米以上为轻雾，否则为浓雾。在雾天，光线条件很有特点，主要包括以下几个方面。

首先，雾天空气中的介质增多，光线被大量扩散，由于介质之间的相互作用，使得雾天的散射光强度明显高于阴天和半阴天。在雾的作用下，地面上的景物被均匀照射，物体表面层次细腻。

其次，雾是构成大气透视的重要因素，各种景物远近不同地分布在雾气笼罩的空间中，物体的本来面目被雾不同程度地“遮挡”。所以，雾具有较强的“净化”功能，可简化环境、背景、繁杂的物体细部线条，减弱或掩盖物体局部层次。在大的环境中，雾能够使众多景物“化繁为简”，只保留景物和物体的外在轮廓与主要线条，雾的这种功能，常常有写意的效果，使画面含蓄、幽深、轻柔、淡雅，有水粉画或水墨画的特点。

再次，远处的景物呈淡淡的浅蓝色。除了日出时刻外，在有雾的情况下，太阳光通过雾层后它的色温偏高，在彩色摄影中就出现远处景物呈浅蓝色的情况。

在雾天拍摄，要注意选择侧光、逆光、侧逆光方向拍摄。不同的光线投射方向，就会产生不同的雾状效果。侧光、逆光和侧逆光，对雾的表现比较有利，被摄景物在这样的光线照明下，会形成一定面积的暗部，它是突出白色雾的有效手段。顺光的条件，被摄体很明亮，缺乏明暗变化，影调平板，不利于突出白色的雾。

在雾天拍摄，要注意选择暗的景物配置在画面的远近不同层次中。在雾天中，景物尤其是远处的景物影调变浅。构图时，在画面中一定要有暗色调的景物，无论对画面影调结构还是影调对比都是很必要的。这样做，就是为了更好地表现雾这一特殊的视觉元素以及特殊的画面效果。

在雾天拍摄，要注意选择雾的浓度，一般以轻雾为宜。就摄影艺术范围来讲，轻雾的状态是理想的状态，能充分形成大气透视效果。浓雾会过分影响对被摄体基本面貌的表现，对造型不利，在浓雾天气，一般难以拍摄大景别的画面。因此，我们要选择好雾的浓淡状态，寻找、等待最理想的雾景出现进行拍摄。

在雾天拍摄，往往会有光束现象出现，可以用光束来结构画面，丰富画面造型。根据自然规律，有雾的天气一般都会是晴天，每当云雾将要散开时，就会有直射阳光穿过雾层照射下来，从而形成光束。

要想拍摄到好的雾景，必须注意时间地点的选择。一般情况下，在早晨和傍晚容易有雾景出现，在山顶、树林、湖边、海边等地方也容易有雾景出现。

在雾天拍摄，为了保留和强化雾的作用，一般不要使用UV镜、黄滤色镜、绿滤色镜、橙色滤色镜等拍摄，因为这些滤色镜会吸收蓝紫色光，削弱雾的感觉。

在实践拍摄当中，单纯地等待自然界的雾天会受到很大限制，所以我们要学会运用各种烟雾。首先要学会利用拍摄现场的烟雾，如人们抽烟形成的烟雾、弥漫的灰尘、炊烟、蒸腾的水雾等。在很多情况下，需要我们加放人工烟雾，模拟自然云雾的效果，增强画面的意境，渲染画面的气氛。

第六节　室内自然光

一、室内自然光的特征

室内自然光，是指在室内环境中受到自然光的直射照明或散射照明或者两者共同照明的光线效果。在室内进行摄影艺术创作，可以将人们的社会生活展示出来，同时也可以充分表现出各种各样的室内建筑特点或陈设特点，从而表现环境特色以及文化和生活的情趣，表现人与环境的关系。但是，室内的摄影艺术创作也离不开光，而且利用室内自然光进行创作很重要。我们必须对室内自然光的基本特征进行研究，并掌握其规律。

(一)室内自然光的照明效果受两个主要因素的影响

首先是受到室内建筑结构的影响，其次是受到自然光运动规律的影响。被摄体在室内的照明，总会受到这两个主要因素的作用和制约，这也反映了室内自然光照明的基本特征。这些基本特征可概括为以下三个方面：

(1)自然光效的真实再现。这主要表现为自然光的投射方向及其变化，自然光的性质，自然光的明暗变化，自然光的色温等。

(2)有的室内会有自然光和人工固有光(建筑物中固有的光源)混合照明的效果。由于人工光源比较多样、复杂，尤其会影响彩色摄影的效果。混合照明效果，也构成了室内光线的特征之一。

(3)自然光照明的统一、质朴、简洁，往往产生和谐的光线造型效果。

(二)室内的自然光主要是室外天空散射光照明的结果

由于建筑结构的影响，室外自然光中的主要光源太阳光只能通过门窗少量地投射到室内，它不可能像在室外普照地球表而那样普照室内。何况，如果是北半球门窗朝北的房屋，太阳光更无法投射到室内。因此，室外天空散射光就成为照明室内的主要光源，室外天空散射光的照明特征也必然作用、影响到室内自然光照明的效果。受天空散射光照明的室内，它的照明效果比较均匀，照明亮度在一定的时间范围内变化不显著，有一个较长时间的稳定性，这对摄影非常有利。受天空散射光照明的室内，它的照明效果简洁、统一、真实，这是人工光照明难以做到的。在室内散射光亮度不够，用人工光进行补充照明时，人工光照明效果要和自然光照明保持一致，而不要破坏自然光照明的效果，包括照明的性质、亮度、投射方向及光比等。

(三)室内自然光中被摄体的亮度受到以下几个方面的影响

(1)受建筑物门窗的面积、数量以及门窗介质性质的影响。门窗面积大、数量多，投射到室内的光线就多，室内就亮；室内的门窗面积小、数量少，投射到室内的光线就少，室内就暗。门窗上介质的透光率高(如玻璃)，室内就亮；透光率差(如窗户纸、门帘或窗帘)，室内就暗。

(2)受被摄体距室内门窗的远近影响。距离门窗近，被摄体就亮；距离门窗较远，被摄体就暗。

(3)受太阳光投射角度和强度的影响。由于太阳光投射角度和强度不一样，室内自然光的亮度会发生较大范围的变化。当室外太阳光照明充分时，室内的亮度就增加；此外，由于受太阳光照明，墙、地面或别的景物反射太阳光也使室内亮度增加。但由于太阳是在"运动"的，它投射到室内的光线也会受到"运动"的影响。当然，在有太阳光直射的情况下，不但室内亮度增加了，而且照明效果也复杂丰富了。另外，太阳光的强度也影响到室内的亮度。太阳光照度大，室内就亮；太阳光的照度小，室内就相对暗些。

(4)受到室外景物的影响。如室外较空旷，室内就要明亮些；如室外较近处有高大建筑物挡住投向室内的光线，那么室内就暗些；如室外是较暗的物体如大树等，就会更多地挡住投向室内的光线，室内就更加阴暗。

(5)受到室内景物反射率的影响。室内景物反射率高，室内就亮；反射率低，室内就会显得暗些。

(四)在天空散射光和太阳直射光同时照明下，室内照明情况相对复杂

(1)景物的亮度间距非常大。受太阳光直射光照明的景物亮度很高，而受散射光照明的景物亮度却较低，它们之间亮度间距极大。这样的情况，一方面给摄影的光线处理带来了困难，另一方面却给摄影的造型带来了好处。极大的亮暗间距，造成景物反差很大，往往超出感光材料的有效宽容度，这会在很大程度上影响被摄体的造型效果。在逆光的情况下，即被摄体处在太阳光逆光照明下，这个亮度间距的矛盾更加突出。另外，强光面积过大，也会给摄影造型带来很多的困难，即处理画面亮度平衡的困难。由于亮暗间距大，选择基准曝光点也有困难，选择亮部或暗部作为曝光基准，都会有顾此失彼的缺憾。选择中间亮度作为曝光依据，景物的亮度范围超出胶片的有效宽容度，不可能准确地表现出人的视觉感受的正常亮度效果。这是困难的一面。但是大的亮暗间距有时也会给摄影造型带来有利的方面，直射光直接照射进室内可以产生明确的光影变化，光影的大小、位置、亮暗间距经过一定的处理，可以使画面产生丰富的影调、色调结构。同时，从太阳光的投射角度以及光的色温和光谱成分，可判断大的时间概念，如早晨或黄昏等。

(2)景物在有直射阳光投射时形成较复杂的造型效果。在顺光时，直射阳光照明下的景物亮度要比在散射光照明下的背景亮度高出许多，这两者的亮度间距非常大，超出了感光材料宽容度的有效范围，所以往往造成画面强烈的反差。在侧光的情况下，景物受光面和阴影面之间的亮度间距也非常大，是感光材料的宽容度难以容纳的，也会在画面中造成极强烈的反差。在逆光的情况下，往往形成非常强烈的明暗光线对比，表现在两个方面：一是景物的阴影面和受光面的明暗对比，二是景物与室外景物的明暗对比。在逆光照明下，室外景物的亮度、景物的受光面的亮度都远远地超过了景物阴影面的亮度，造成了十分强烈的明暗对比的光线效果。在这样的光线条件下，景物往往呈剪影、半剪影的造型效果。

(3)这种混合光照明效果的变化很快也很大，这是由于地球的自转运动，不断地改变着太阳光的投射方向，从而也改变着太阳光的强度，继而影响着室内的光线照明效果：无光——弱光——强光——弱光——无光。太阳光投射到室内的光的位置、面积的大小、投影的长短、色温的高低及光谱成分都将随着太阳光的变化而变化。因此，在室内进行摄影创作时，要选择合适的时间，即选择太阳光投射的较理想的光线效果进行拍摄，才会获得较理想的画面。

(五)室内自然光的照明效果，受到大自然天体运动的制约

(1)气候的影响。气候对室内自然光照明影响较大。阴天、雨天、下雪天等，由于室外自然光亮度下降，室内自然光亮度也下降。晴天，室外自然光照明的亮度很高，室内的自然光照明亮度也随之增加，有时阳光直接投射到室内，室内的亮度就更高。

(2)季节的影响。一年四季中，太阳光的投射效果是有区别的。冬季，太阳几乎没有顶射(在中国大部分地区)，而是处于斜射时期，光线比较柔和，晴天时，形成太阳光较大面积地投射到室内的照明效果。夏季，太阳光的平射、斜射、顶射有着较明显的区别，所以太阳光投射到室内的情况也比较复杂，但总体来说，太阳光投射到室内的面积不如冬季多。而在春、秋两季中，太阳光投射到室内的面积多于夏季又少于冬季。由此可见，季节不同，太阳光投射室内的情况也不一样，从而影响着室内自然光的照明效果。

(3)一天之中，由于地球的自转运动的影响改变着室内自然光的照明效果。这主要体现在光线投射的方向、强度等方面。

自然光对室内照明效果的影响，是我们在室内进行摄影创作时必须要注意到的，要善于掌握拍摄的光线条件和时机，避开不利因素的影响，充分利用有利的因素，充分利用室内自然光的造型条件。

(六)自然光和人工光混合照明

在室内处于自然光和人工光共同照明的情况下，对黑白摄影来说，这一混合光照明只影响被摄体的影调结构，对彩色摄影来说，还影响着色调关系。光源的色温影响着被摄体的色彩关系。这种混合光照明的情况，有时是以自然光为主，人丁光为辅；有时是以人工光为主，自然光为辅。拍摄时，应根据拍摄现场的光源情况、感光材料的类别、拍摄要求等，进行具体处理。

总之，在室内自然光照明情况下，室内和室外之间、景物的受光面和阴影面之间、明亮景物和暗的景物之间，亮暗间距很大。这就构成了室内自然光照明的重要现象。拍摄时，就是要面对这样的现实，处理好画面的亮度平衡的问题。感光材料往往难以容纳巨大的景物亮度间距，但摄影师则可以通过各种技巧——选择拍摄时间、选择拍摄角度、构图、采用人工辅助光、简化处理等，使画面的光线效果得到恰当的处理，从而创造出生动、真实的画面造型效果。

在摄影感光材料拍摄低照度照明场景的能力不断提高，在影视摄影技术为我们提供了利用现场光拍摄的技术可能，在影视美学越来越追求真实、自然等情况下，我们研究、分析室内自然光的特点，就是要最充分、最有效地利用室内自然光光效下的美、真、实的造型效果，使室内成为摄影师进行摄影艺术创作的广阔天地。室内自然光的运用，对于影视纪实类节目有着更为重要、现实的意义。

二、室内自然光的处理

在实践拍摄当中，对于室内自然光的运用非常普遍，也非常重要，这主要有以下几个方面的原因。首先，当代摄录技术的发展，使我们的摄影器材、感光材料的低照度能力不断提高，已经可以满足在室内自然光低照度下拍摄的技术需要，使在室内利用自然光拍摄在技术上成为可能。其次，近十几年来，我国电视理论强调纪实美学，强调客观、真实、自然，体现在实践当中就是要求不导演、不摆布、不干预，利用抓拍的方法，利用现场的自然光等，纪实美学的勃兴，也是我们强调利用自然光的一个重要原因。再次，曾经有人进行过研究，研究结果表明，人的一生中大约有三分之二的时间是在室内度过的，人的生活、工作、学习等大多数实践活动都是在室内进行的，这也使我们在拍摄时将遇到大量在室内的拍摄场景、拍摄对象。此外，我国电视事业还处于发展阶段，各电视台设备配备简单、制作过程因陋就简，在实际工作当中，很少有足够的人员、设备用来调整光线，这也使得我们许多时候不得不利用自然光拍摄。

室内自然光的光线处理的基本手段，是选择光线和光线平衡的问题。选择光线是指在室内选择光线投射方向(或选择拍摄角度)，即选择顺光、侧光还是逆光等，选择有直射光还是无直射光，选择光源多少，即室内自然光与人工光光源多少等。所谓光线平衡是指三个方面：一是指室内与室外的亮度平衡，二是指室内亮部与暗部之间的亮度平衡，尤其是在有直射阳光的情况下亮度平衡困难会更大些。三是指光线的色温平衡，当室内既有自然光又有人工光照明时，光源的色温往往不一致，这会带来画面的偏色现象，需要进行调整使其平衡。

(一)对光的选择

1. 在单光源的情况下

所谓单光源是指在室内只有一个光源——一扇门或一扇窗户，它们是室外的天空散射光或直射光投射到室内来的通道。在单光源的情况下，有以下的照明特点：距光源近的景物，亮度就高，距光源远的景物，其亮度就低。由于在单光源的情况下，相对来说环境的反射光就弱些，所以在距光源近的景物受光面亮度(主要由天空散射光或直射光照明的亮度)和阴影面亮度(由室内环境的反射光照明的亮度)之间亮度间距就很大，往往形成很大的反差。但随着景物距光源的距离增加，景物的明暗反差就逐渐减弱，因此在这样的情况下，室内自然光照明景物的亮度和环境反射光照明景物的亮度间距缩小。根据这样的特点，可按不同的情况，选择不同的光线投射效果，形成不同的造型效果。

(1)顺光。如果以散射光为顺光，在这样的光线下拍摄有其自身的特点。在较明亮的背景情况下，例如白色的家具、墙壁等，就可以拍摄到明亮影调的画面，甚至高调的画面。在较暗的背景下，可以形成主体明亮且突出的造型效果。

当然，在室内自然光情况下采用顺光拍摄，也会有其不足之处。首先是画面的影调和反差会显得平淡，这主要是因为顺光的造型特点。其次，如果是在有直射阳光的顺光情况下拍摄，在画面上就会出现巨大的明暗亮度间距。受直射光照明的景物亮度很高，而受散射光照明的景物亮度又很低，这样在画面中将形成强烈的明暗反差。这种巨大的明暗亮度间距往往会超出感光材料的有效宽容度范围，会使一部分被摄体不能被表现出来。在这种光线情况下拍摄，难度很大。

(2)侧光。侧光的照明，可以形成被摄体受光面和阴影面的明暗反差，这是构成景物立体感的重要条件。被摄体的受光面主要由天空散射光照明，而阴影面则主要由室内环境反射光照明。而环境反射光往往比较暗，从而形成了明暗对比大的造型效果。这种反差只要运用得好，可以形成很有特色的造型效果。

如果受光面在直射阳光的照明下，会形成非常大的明暗亮度间距。这种照明效果有利有弊。有利的方面是可以形成丰富的画面影调结构，增加室内自然光照明亮度，使被摄体有明暗显著的变化；在室内墙上或地上投射的窗户影子，可以说明太阳光投射的高度或大概的时间概念等。这些都是可以被充分利用的，如拍摄工厂、会议等场景时，阳光从门或窗投射到室内，会产生非常丰富的明暗变化和照明特色。直射阳光照明下的室内，对摄影也有不利的方面。最主要的是明暗反差太大，尤其是直射光投射到景物上，景物的亮度和环境的亮度差距太大，这会给摄影亮度控制、曝光控制带来较大的困难，甚至造成拍摄失败。

(3)逆光。室内拍摄逆光照明效果的画面，主要矛盾是室外亮度高、室内亮度低。在有直射阳光的情况下，受光面和阴影面之间还会产生巨大的亮度间距。和侧光照明一样，室内的逆光照明对摄影既有有利的因素，也有不利因素。有利的因素是：直射阳光会形成光斑，丰富画面的影调；会增加室内的照明亮度；会在室内地面上产生窗户或门的投影等。也有不利的因素，就是明暗反差很大，亮度平衡不易掌握。我们要善于掌握有利因素，避开不利因素。我们经常看到这样一些画面，如在工厂、大的会议室、大的庙宇等环境中，由于直射阳光的照明，产生光束(在有轻烟的情况下)，形成一定的烟雾效果，从而活跃了气氛，丰富了影调，突出了主体对象，增加了明暗对比的造型效果等等，这时的逆光具有极好的造型功能。如果不善于利用有利因素，那么往往会被不利的因素所困惑，甚至束手无策。

在逆光情况下拍摄景物，一方面要选择好景物的轮廓特征——形，另一方面要选择好光。在室内逆光情况下拍摄景物，大致有两种处理方式，一种是纯自然光的条件，一种是自然光和人工光同时进行照明。

在纯自然光的情况下，利用室外的高亮度和景物阴影的低亮度的巨大亮度差异，可拍摄景物的剪影或半剪影效果，使暗的景物衬在亮的背景上。但要注意的是，一定要选择好景物的轮廓形式，即这个景物的外形特征和美的轮廓。如果逆光是直射阳光，那么会在景物上形成非常亮的轮廓光，这在处理上会有较大的困难，即亮度平衡处理，要根据具体的光的条件和景物情况来处理。

在自然光和人工光共同照明的情况下在室内拍摄，这是较为理想的用光方法，但是要注意这样几个问题：首先，人工光(无论是反光板还是其他人工照明灯具)的照明效果不要破坏景物在逆光下的照明效果。人工光仅是辅助光，它的亮度要低于逆光，这样才能保证逆光照明的真实效果。其次，要使人工光照明性质和室内反射光保持一致。在逆光情况下，照明景物阴影面的是散射光，因此人工光必须具有散射光的性质。再次，人工光源要紧贴摄影机位置，这样避免在被摄景物和背景上产生投影，产生多光源的效果，以致造成光效的不真实。最后，如果是彩色画面，还要考虑到自然光和人工光的色温和谐，从而形成光造型的真实感。

2. 在多光源的情况下

多光源是指两个或两个以上投射到室内的光。和单光源相比，多光源使室内的亮度明显增加，给曝光控制带来了有利的因素；给被摄体的造型选择，尤其是主光的选择提供了多种的可能性；弥补了单光源辅助光不足的缺陷。在多光源的情况下，往往会有直射阳光的投射，会使室内的亮度增加，同时会极大地丰富画面影调，并且形成一定面积的亮斑，活跃画面的影调结构，形成直射光的光线效果，但也带来了较大的明暗反差。

在多光源的照明条件下，主要通过选择来进行光线造型：选择主光，选择直射光的投射方向，选择明亮光斑的面积和空间范围等等，这给摄影创作提供了许多有利因素。如在工厂、大会议室等室内，往往有多个门窗，可以构成多光源照明，直射阳光和散射光共同照明使室内的光线富有多样性、多变性，从而形成多样的、丰富的光线结构，这对摄影造型是十分有利的。

(二)室内自然光下的亮度平衡

1. 亮度平衡

光线处理的任务之一，就是处理画面内被摄体的亮度平衡。所谓亮度平衡，是指根据作品内容和造型的要求，对光线的明暗强度、明暗范围、明暗对比、明暗面积等影调配置进行控制，形成和谐的、具有美感的亮度结构。在这里，明暗的亮度范围(强度)十分重要。我们在进行亮度平衡处理(或光线处理)时，一定要注意景物的最高亮度和最低亮度，考虑所选择的摄影对象的最高亮度和最低亮度之间的亮度间距，在感光材料上能否被包容进去(或被记录下来)。如果它们之间的亮度间距很大，不能被感光材料的有效宽容度所包容，那么就要采取各种手段来处理光线，最终在画面中达到亮度平衡。同时，还要根据造型及作品内容、气氛的要求，处理画面的亮度平衡，使画面的影调结构不但具有审美价值，而且还能有效地表达作品的情感。

2. 亮度平衡的依据

(1)景物的亮度间距过大，需要进行亮度平衡。由室内向室外拍摄时，室内外的亮度间距往往很大，需要进行亮度平衡；室内有直射阳光照明时，直射光照明处与阴影处亮度间距很大，需要进行亮度平衡；室内靠门窗较近的景物的受光面和阴影面的亮度间距很大，需要进行亮度平衡，在室内自然光的运用当中，在许多情况下，景物明暗面的亮度对比是超出感光材料的有效宽容度的，这就必须通过光线的处理，最后达到亮度平衡。

另外，在景物的亮度范围能够纳入到感光材料的有效宽容度范围内时，对曝光基准点的选择具有重要的意义，它会极大地影响到感光材料的宽容度对景物亮度的容纳。选择的曝光基准点偏高，虽然对景物亮部的表现有利，但景物暗部层次、质感表达会受到很大的影响；选择的曝光基准点偏低，虽然对暗部的表现有好处，但亮度会严重曝光过度，得不到很好的表达。这两种情况都不利于亮度平衡。总之，景物的亮度范围、感光材料的宽容度和曝光点的选择，对室内亮度平衡起着决定性的作用。

(2)为了艺术和造型处理的需要，要对亮度进行平衡处理。为追求某种造型效果，需要进行亮度平衡。如在逆光下拍摄，追求逆光的造型效果，但阴影面太暗，则需要对阴影面进行补充照明，增加阴影面的亮度，使其与亮部构成亮度平衡。为追求某种影调结构，或追求某种视觉效果，单纯依靠自然光照明又不能完成，需要进行必要的光线处理，达到这种艺术追求的亮度平衡。这种亮度平衡往往通过利用人工光进行辅助照明来实现。

3. 亮度平衡的方法

(1)进行构图时，避开高亮度的光源——门窗。这样使画面内明暗的亮度间距大幅度缩小，达到画面的亮度平衡。

(2)利用人工光或借助现场景物的反射光进行辅助照明来进行亮度平衡，这是一种有效的亮度平衡方法。通过人工光照明，可局部或普遍提高景物暗部的亮度，从而缩小明暗的亮度间距，达到画面上的亮度平衡。

(3)对高亮度的景物进行遮挡，使它的亮部面积减少，或局部高亮度点减少，使之在画面上起不到重要的作用，从而缩小画面的亮度间距，达到亮度平衡。

(4)在有的情况下，可以对亮部或暗部进行“简化”处理，即不需要对它们进行详细表现，只要简化就可以。这样就通过曝光控制让亮部曝光过度，让暗部曝光不足，画面出现“白”和“黑”，而其他部分影调、亮度得到平衡。这是简化处理的方法。

(三)室内自然光与人工光混合照明时的色温平衡

在室内环境拍摄时，常常会碰到既有自然光又有人工光的混合照明情况，这种人工光往往是拍摄场景中存在的、非创作者人为加上去的光线，如熊熊的炉火光、闪动的电焊光、日常的照明灯光等。这些拍摄现场原有的光源，比较真实与自然，而且亮度也较高，有现场特有的气氛，是我们艺术创作不可缺少、需要充分利用和表现的对象。在照明处理中，一般不要人为地改变现场原有人工光的本来状态，这样既能保留拍摄现场的气氛，又可获得丰富的画面色彩效果，避免出现光线效果不真实的现象。此外，在室内拍摄，有时由于室内自然光照明的不足或照明效果的不理想，我们会根据拍摄需要，人为地加用一些光线，这也是人工光线的一种形式。如果注意自然光与人工光合理的综合运用，不仅可提高室内的照明亮度，而且还能弥补自然光照明的不足。

在实际拍摄当中，自然光和人工光的色温常常是不一致的。这种色温的不一致，在彩色摄影当中，会造成画面中不同光源光线照明区域色彩不同。这种色彩不同有时是表现拍摄场景现场气氛的重要方面，有时却会对被摄物体色彩的正常还原带来不利影响，造成画面的局部偏色现象。对于第二种情况，我们在拍摄时就必须要进行色温平衡。

所谓色温平衡，是指在混合光源照明的情况下，根据拍摄需要和不同色温光线的分布情况，调整其中的某种光源光线的色温，使其与另外的光源光线的色温达到一致，从而保证画面的色彩还原正常。

室内自然光与人工光的混合照明基本上可以分成两种情况：一种是自然光为主，人工光为辅；另一种是人工光为主，自然光为辅。在一般情况下，人工光的色温要比自然光的色温低。

在自然光为主，人工光为辅的情况下，如果为了保持现场的光线效果，一般要以自然光为基准选用感光胶片或调整摄像机白平衡，这样自然光照明的区域色彩还原正常，而人工光照明的区域则会呈现出暖色调，可以体现出真实的现场气氛。如果为了使整体场景中的景物都实现色彩正常还原和色调一致，则需要首先以自然光为基准选用感光胶片或调整摄像机白平衡，并且要调整人工光的色温，使其提高至与自然光的色温一致。

在人工光为主，自然光为辅的情况下，如果为了保持现场的光线效果，一般要以人工光为基准选用感光胶片或调整摄像机白平衡，这样人工光照明的区域色彩还原正常，而自然光照明的区域则会呈现出冷色调，可以体现出真实的现场气氛。如果为了使整体场景中的景物都实现色彩正常还原和色调一致，则需要首先以人工光为基准选用感光胶片或调整摄像机白平衡，并且要调整自然光的色温，使其降低至与人工光的色温一致。在实际拍摄当中，往往采用遮挡自然光的方法，削弱自然光的影响，从而达到色温的统一和画面色彩的正常还原。也可在门窗上面加用橙红色纸，使自然光色温降低至与人工光色温一致，这种方法往往是在较专业、较大型的节目中才会采用。

第七节　反光板的使用与效果

反光板属于人工光线照明的一种用光工具，是照明工作者有力的照明工具。

一、反光板的分类

反光板一般分为两大类：柔和反光式和单向反射式。

柔和反光式反光板，光源性质属于散射光，照明效果平涂柔和，无明显光线投影，物体表面层次细腻，光线散射照明的面积较大，强度较弱，人们称柔和反光式反光板的光是软质光。

单向反射式反光板，光源性质属于硬质光，由于使用的反光材料不同，它接收的光线大部分都能反射出去，如同平静的湖面产生的单向反射光一样，这种反光板照明投射的距离远，被照明的物体表面有明显的投影。

在影视摄制组中，最常采用的反光板是白色泡沫板，其反射的光线柔和，重量很轻，易于携带、使用，并且价格低廉，大家一般称其为米波罗。

最常见的专业反光板是便携式的双面反光板，通常一面是银色的，一面是白色的。银色反光板属于单向反射式反光板，白色反光板属于柔和反光式反光板，可以分别反射出散射光和直射光。

还有一种便携式多功能反光板，其内芯可以用做柔光屏，在内芯外面有一个类似于“两面穿衣服”的罩，罩子可以翻过来使用，这样可以有四面，一面是银色，一面是白色，一面是金色，一面是黑色。银色面可提供较强的反射光，白色面可提供较柔和的反射光，而且用银色、白色反光不会改变被反射光线的色温；金色面往往在人像摄影当中被用来给人物皮肤反光，使其呈现出较暖的色调；至于黑的一面，往往被用来在实践拍摄过程中遮光和吸光，减少被摄对象周围杂光的干扰和影响。

二、反光板的多种形式

反光板的样式、规格、尺寸没有具体的规定，只要使用方便、照明效果好就可以。在影视制作中，无论国内或国外，反光板的样式各异，但大致可归纳为以下几种。

(一)可调式反光板

这种反光板使用时放在反光板架子上，架子可在地面上多方向移动，还可像灯具架一样升降。反光板置于架子上后，可改变其反射角度，能实现平反射和仰反射。这种可调式反光板架可由聚光灯架改造而成。

专门用于影视照明的“蝴蝶布”，也可以被系在专用的架子上，架子的高度、俯仰角度都可以在一定范围内调节，使用起来非常方便。在实践拍摄过程中，对光线效果的调整、修饰有时条件恶劣只能主要依赖于反光板、蝴蝶布的运用。有时，照明人员将柔光用的白布系在这样的架子上，可以有效地削弱直射光的照度，缩小反差。

（二）折叠式反光板

为了保证画面照明效果并携带方便，可把反光板改造成单向折叠式或多向折叠式，用时打开，用完合上。这种反光板可用于小场景，也可用于多人物稍大场景的辅助光照明。

（三）抽拉式反光板

几块反光板同时插在木质（或铝制）隔层内，平时看上去像是一块反光板，用时可左右或上下拉开，一块反光板可“变”成多块。小场面打辅助光时用其表层一块即可，稍大场面或多人物照明时可拉开使用。

（四）卷帘式反光屏

在布或能卷曲的材料表面喷涂或贴上反光物质而成，它像“轴画”一样，用时拉开。小块状的一人可拉开，大块状的需两人或多人拉开使用，照明面积较大，特别适用于人多的大场面，这种反光屏外拍时携带十分方便。

（五）白布拽拉式反光屏

用一块白布做底基，底基要结实、耐拉耐拽，表面同样喷涂或粘上反光性能较好的材料。这种反光屏可大可小，大块的可几人拉开，用于大场面的面上补光。用后可随便放置，也可像放纸团一样把它塞在某个角落。在电视艺术片拍摄中，右时可用这种反光屏遮光，造成一种特殊的镜头明暗配置效果。

此外，还有各种规格、大小不一的单块反光板。反光板（屏）表面使用的反光材料，一般是无颜色的锡纸或白布、白纸、金属薄片等。使用锡纸之前，通常要先揉搓一下，增加其表面的皱褶，使它能产生柔和的散射光。如果不揉搓，保持锡纸表面平整程度并直接贴到反光板表面，就变成了单向反射式的硬质光，这种反光板使用的机会不多。

三、反光板的优点

反光板和照明灯具都是我们在摄影时常用的照明工具，它们各有优点和缺点，各有不同的使用范围。相比较而言，反光板主要有以下这些优点。

（一）反光色温与主光色温一致

反光板一般用于在外景照明中弥补日光照明的不足，给被摄体以辅助光照明，接受照明的部位一般是处在散射光照明下的暗部。被太阳照明的物体，受光部位与未被太阳照明的阴暗部位反差太大，对于感光材料来讲，需要在用光上加以校正。担任这种校正任务的反光板，由于其表面反光材料呈白色，接收并反射光线与现场光的光色吻合，不会产生任何差异。如在正常的直射光照明 5600K 的色温下用反光板给物体暗部补光，其反射光色温与直射光色温一致，不会由于加用了反光板而出现任何偏色现象。

（二）光效直观，调整方便

反光板反光效果非常直观，反光板的材质、反光板的距离、反光角度是其主要的决定性因素。反光板一经使用，摄影人员马上就可以看到经过调整以后的光线效果，如果觉得不尽理想，就可以马上进行调整、校正。由于反光板大多比较轻便，因此对于它的调整，要比调整影视照明灯具方便得多。

（三）不需人工能源

影视照明最大的工作量是拉导线和架灯具，有时还要为日光与灯光色温的平衡问题而大伤脑筋。即使你用的是5000K左右高色温灯具，因为外景照明主要的光源日光受一天内时间变化的影响，光色不稳定，仍会出现偏色现象。灯光与日光是“矛盾”的两个方面，而日光与反光板却是“珠联璧合”，配合十分默契。反光板给照明人员带来了很大方便，不需能源即可获得良好的光线和光色效果。

(四)制作简易且携带方便

在外景拍摄中，一块反光板就是一个小发光体，无论在陆地还是海洋，无论在室内还是室外，无论在车内还是车外，它为我们的照明造型提供了方便，特别是对于时效性强、灯光照明条件不充分的节目和环境来讲，更具时效性和实用性。反光板因其制作简易、外出拍摄携带方便、照明效果直观等特点，深受照明工作者的喜爱。

四、反光板的作用

反光板的良好造型效果，甚至对经常使用反光板的工作人员而言，也会有出乎意料的效果。

(一)缓和反差，显现暗部层次

无论是内景人工光照明还是外景自然光照明，物体受光部位同其暗部两者光比不能过大，这是一般感光材料的技术性能所限定的，当然创作中的特殊效果和想法除外。反光板的最主要任务就是给予主光照不到的暗部以辅助光照明，再现暗部原有层次，调节和控制画面明暗反差。如在直射光照明的逆光、侧逆光情况下，人物或物体被照明的轮廓、线条较亮，而睑部及物体没有被照明的部分较暗，两者反差很大，远远超出感光材料记录能力的范围。在这种情况下，反光板能发挥很好的作用，它能按照照明者的创作意图、想法和要求进行调节，把人物或物体的明暗反差控制在感光材料允许的范围之内。

反光板还可用于侧光照明时景物暗部的补光和顶光照明时景物阴影部分的补光。凡使用反光板给予场景或物体暗部以适当的辅助光照明的画面，明暗反差适中，亮暗过渡层次丰富细腻，立体感和质感能得到较好的体现。

(二)校正偏色，力求色彩统一

由于感光材料记录景物亮暗能力有局限性，一旦镜头视角内的景物超出亮度比和光比范围(实际情况常常是这样)，感光材料就显得无能为力了。如在直射光的逆光、侧逆光、树荫、楼房阴影下拍摄时，常因人物或景物暗部同亮的轮廓和背景形成较大的亮暗反差，致使人物或景物的暗部受环境的影响而偏色，暗部与亮部色彩发生偏差，不能正常体现暗部原有的色彩。这时，可利用反光板给暗部加光，提高暗部基础亮度，缩小两者反差，使其同亮部保持适当的光比，最大限度地利用感光材料记录光与色的能力，尽量避免由于亮度低造成的偏色现象，保持画面中亮部与暗部、画面与画面之间色彩的和谐统一。

(三)具有“移光”效果

“移光”也叫“借光”，在拍摄现场光线不足、照明不平衡、照明条件又不允许加任何灯光的情况下，可使用反光板把光线“移”到拍摄处，提高或弥补拍摄处原有光线的不足。有时在飞机、汽车、轮船、火车等照明条件不好的地方拍摄，可发挥反光板的优势，把有直射光照明处的光线和由散射光照明但较拍摄处光线充足的光线“移”和“借”到所需处，做被摄体和环境的主要光源。有时条件允许，可使用大块或多块反光板，但要注意反光板要从一个“光源点”上反射，防止在被摄体或其所处环境内出现过多虚假投影，同时也应注意光线投射高度以及光线来源的真实性。

(四)修正日光不足，达到照明平衡

在外景照明工作中，照明人员创作的“伸缩性”很大，有时可直接干预自然光的照明，使其达到理想的创作要求；有时也可什么也不管，甘当“灯光照明”师，似乎外景自然光照明已经是十全十美。实际上，无论是直射光照明还是散射光照明都存在很多缺陷与不足，需要我们加以修正和弥补。在直射光照明下，怎样才能保证正常再现整个场景或画面的基本色彩？怎样才能将亮暗两部分反差控制在感光材料的宽容度之内？怎样才能有效提高场景内某部分的照明亮度？反光板能帮助创作者实现这一切。在场景内整体亮度比较高但某些局部又比较暗的情况下，可用一块或数块直射光性质的反光板加以补充照明，提高其亮度，增加场景层次，达到总体照明的平衡。

(五)模拟真实的效果光

所谓效果光，指在照明中的水面波光的闪动效果、树影下的光斑光线效果、通过汽车玻璃和平静的湖面单向反射出的光线效果等。这些效果光，都可利用反光板加以模拟。

(六)在拍摄场景中作底子光

内景照明主要依靠灯光，但反光板也经常能派上用场，发挥着其它灯具不能发挥的作用。如在整体布光之前，首先要在场景内有一个基础照明，即人们常称的底子光照明，使整个场景有个基本亮度，满足摄录设备对光线亮度的最基本要求。常用方法是把灯光打在反光板上，借助反光板的反射，形成柔和的散射光，以此提高环境内的基础亮度。再如用反光板作人物的辅助光，效果很好，光线非常柔和细腻。在内景照明中把灯光打在白布、白纸、白色墙壁上，也能收到近似的效果。

(七)作为摄像机调白平衡的基准物

专业的柔和反光式反光板白色面属于标准白色物体，可以被用来作为摄像机调白平衡时的基准物，这样可以避免画面的色彩偏差。在实际工作中，一些摄像师常常使用打印纸、白墙等物体作为摄像机调白平衡的基准物，由于它们不属于标准白色物体，所以，画面色彩上常常会有一些偏差。

五、反光板使用中常出现的问题

(一)反射光太强太亮

反光板反射光与主光光比处理不当，差距太小，会出现反光板反射光照明的区域曝光过度的现象，使观众视觉感受失常，使画面中的景物变成了两边都亮的“透明体”。造成这种现象的主要原因是反光板距离被照明体太近或使用了单向反射式反光板等，由于反光板造成的辅助光过亮，使人眼感觉非常不适，人工用光痕迹过重。使用反光板或灯具照明提供辅助光的基本技巧是不使人们察觉到使用了它们。

(二)反光板位置不准确

反光板放在什么位置上照明，应认真对待。反光板反射光作辅助光时，基本原则是：不能在被摄体表面产生投影，不能造成第二主光的印象，不能同主光形成夹光效果。

反光板反射光做主光，一般用于环境照明条件较差时。反光板的主要任务应该是组织起画面的影调对比，形成光调的合理配置，担负起光线描绘、造型的作用。同时要尽量处理好光线的投射角度，反射方向要真实，高度要适当。使用多块反光板时，要注意主光光线的统一。

(三)反光板角度偏低

在照明创作中，许多人比较重视室内、棚内、演播室内的灯光照明，而常常忽视外景的自然光照明。外景中反光板照明角度偏低，是一个司空见惯的现象，如单块反光板在使用时经常是立在地面上、靠在腿上等，致使辅助光角度明显偏低，有时甚至出现程度不同的脚光效果，使被摄体的描绘与塑造受到很大影响。

(四)区域性照明，光痕明显

所谓区域性照明，是指被照明体在一个区域内或随镜头运动的几个主要区域内，反光板辅助光照明效果较好，而走出那个区域时，反光板辅助照明即刻消失。要避免区域性照明，可采用以下几种处理方法：

(1)用反光板摇跟；

(2)用反光板移跟；

(3)用反光板“接力”；

(4)用大块反光布、反光屏照明。

在实际拍摄当中，还要学会因地制宜地借用拍摄环境中存在的反光物体，如白色的服装、翻开的书籍或报纸杂志、浅色的墙壁、白色的桌布或床单等。我们可以移动这些反光物体靠近被摄主体起到补光作用，也可以让被摄主体靠近不能移动的反光物体。环境景物的反射光，有时还可以用来作拍摄的主光，这种主光比直射光要柔和得多。拍摄环境种反光物体的运用可以很好地弥补目前我们实际拍摄当中照明装备方面的不足。

利用环境景物的反光时，要特别注意环境色的影响，如红砖墙会反射红色光、绿树丛会反射绿色光，这些色光会使被摄主体偏色，所以除了特殊情况下想取得偏色效果外，一般应选择白色和浅色的环境景物作反光物体。

第八节　人工光照明基本知识

决定一幅摄影作品或一部影视作品画面质量的最重要环节就是前期拍摄，摄录设备、感光材料、操作技能是其重要组成部分，没有任何后期设备和后期制作技术能够把糟糕的前期摄影素材变成优质的作品。

在各种摄影要素中，光线的运用与处理尤为重要，好的光线可以使平淡的场景变得特别，不好的光线会使精彩的场景变得了无情趣。如果想获得好的画面效果，只要条件有可能，尽量去选择本身光效极佳、景色宜人的场景拍摄，这是一条便捷的途径，也可以使摄影者省去许多麻烦。

一、光线控制的要素

当我们分析如何运用光线时，所考虑的主要因素包括光线强度、光线色温、光线方向、光线性质(直射光、散射光)、阴影，以及拍摄现场是否具备人工布光的条件。

(一)光线强度

光线强度指从光源灯具发出、投射到被摄物体表面的光线的明亮程度。将灯具远离被摄体或者被摄体远离灯具，被摄体表面的光线亮度将会减弱；将灯具移近被摄体或者被摄体接近灯具，被摄体表面的光线亮度将会增强，对于点状光源来说，发出的光线主要是直射光，其光线强度随着物体与光源之间距离的增加不成比例地减弱。对于散射光光源来说，发出的光线主要是散射光，其光线强度随着物体与光源之间距离的增加成比例地减弱。两者相比，前者光线强度衰减的幅度大于后者光线强度衰减的幅度。

与调整灯具和被摄体之间的距离相比．在灯具上加用柔光纸、中密度灰纸、校色温纸等对于减弱光线强度更加方便。当在狭小的环境中拍摄时(如在家庭环境进行电视访谈节目的拍摄)，我们难以将灯具或被摄体挪得更远，如果想减弱灯具的光线强度，采用上述方法会非常有效。我们可以将柔光纸、中密度灰纸、校色温纸装在专用的框子中，然后再放在灯具前，也可以用夹子直接将柔光纸、中密度灰纸、校色温纸夹在灯具的遮扉上。夹子最好选用木质或竹质，金属质地的夹子容易导热，不是理想的选择。

中密度灰纸对于减弱灯具光线的强度最为有效，并且它不会改变光线的性质和色温。中密度灰纸灰度用数字标示，如 3 号、6 号、9 号等，这些数字用来表明它们的阻光能力，数值越大，阻光能力越强，使用后，对光线强度的削减幅度也越大。校色温纸、各种校正画面色彩的色纸也可以起到减弱光线强度的作用，但是，它们会造成光线色温和画面色彩的变化，有些时候不一定适用，在摄影实践当中，我们还可以创造性地运用中密度灰纸，当我们拍摄明暗反差很大的被摄体时，可以在照明亮区的灯具前加用中密度灰纸，这样，亮区的光线强度会被减弱，被摄体之间的亮暗间距被缩小，被摄体之间可以达到亮度平衡。

其他用于减弱灯具光线的工具还有金属网罩，金属网罩可以分为全金属网罩、3/4 金属网罩、半金属网罩等，用来分别遮挡整个灯头、3/4 个灯头或者半个灯头的面积。后两种金属网罩可以使被摄体表面形成明确的亮暗对比效果。

(二)光线色温

不同的光源发出不同色温的光线，不同的光线有不同的色彩倾向。白炽灯光线色彩偏黄；中午太阳光线色彩偏蓝；烛光光线色彩偏橙色或红色。

在人工照明灯具中，最常见的是两种：3200K 色温的灯具和 5600K 色温的灯具。影视摄影中常用的新闻灯、红头灯、机头灯、电瓶灯、三基色灯、聚光灯、镝灯等大都属于这两种灯具。我们可以通过各种校色温纸、校色温滤光片调整不同灯具发出的光线的色温，或者营造特殊的画面色彩效果，获得感光材料、摄录设备与拍摄现场光线色温的平衡。

(三)光线方向

光线方向对于被摄体造型效果、观众的视觉感受有很大影响。当我们谈及光线方向，通常包括两个方面：水平角度、垂直高度，它们都是指两条无形线之间的夹角，一条无形线是摄影机镜头与被摄体之间的连线，另一条线是照明灯具与被摄体之间的连线。

(四)光线性质

根据光线性质不同，可以将光线分为直射光和散射光。晴天阳光和聚光灯、镝灯、新闻灯等人工照明灯具发出的光线都是直射光；阴天自然光、天光时间自然光和经柔光纸、柔光屏调整过的光线都属于散射光。在直射光照明条件下，被摄物体表面能形成明确的明暗面，明暗区域的分界线清晰、被摄体投影清晰。在散射光照明条件下，被摄物体表面不能形成明确的明暗面，明暗区域的分界线模糊、被摄体难以产生清晰的投影。

直射光照明往往来自于点状光源，能够产生立体感较强的视觉效果，造成戏剧化的画面气氛。直射光能够突出人物的身体、面部的立体特征，显露较多的细节。处理直射光照明比处理散射光照明难度较高，但是，如果运用得当，会产生非常良好的照明效果。

散射光照明往往来自干面积较大的发光体，比如灯笼、柔光箱、反光板以及阴天、多云天的天空等。散时光均匀地投射在被摄体周围，如果想使被摄体看上去更具魅力，散射光主光照明往往是容易实现的方法，在光线效果上常常也是最理想的选择。

柔光箱是使直射光变成散射光的专业工具，由于其箱体部分内侧是银色的、外侧是黑色的，因此，其光线不会四处散溢。正面的柔光布使得灯具发出的直射光变成柔和的散射光。柔光箱通常重量很轻，拆卸、运输、架设都很方便。如果想使柔光箱里面的光线散射程度加强，可以在柔光布外侧加用柔光格栅。

其他可以提供散射光照明的简便照明工具包括气球灯、纸灯笼、反光伞等。气球灯能够发出非常柔和的光线，照明非常均匀，它的不足之处在于光线向四周发散，难以对照明区域做精确的控制。反光伞原本主要用于图片摄影，随着摄像机的低照度能力迅速提高，现在在一些小型电视节目(如电视访谈节目)拍摄中，也被运用于影视照明和摄影。反光伞的反光面绝大部分是银色或者白色的，将反光伞附加在任意的专业照明灯具上，都可以将灯具发出的直射光反射、扩散成较大面积的散射光。

在日常摄影过程中，我们还经常使用柔光纸、反光板等将直射光变为散射光。柔光纸非常便宜，携带、使用都很方便，如果一层柔光纸达不到理想的柔光效果，还可以使用两层或多层乘光纸加强柔光效果。将直射光投射到反光板上，使用反光板柔和反光面进行反射，反射出来的光线就成为散射光。还可以将直射光投射到白墙、天花板上，使其变成散射光，为所拍摄的场景提供简便的照明。

(五)阴影

现实世界是三维的、立体的，而所有的摄影画面都是呈现在二维的平面之上，要想增强摄影画面的真实感，就要设法表现出空间感(透视感)和立体感。光线是影响空间感(透视感)和立体感表现的最重要因素，它能够在物体表面形成受光面和阴影面，这给人们带来三维立体的视觉感受。阴影对于增强画面的深度感尤为重要，缺乏阴影的画面，看上去显得很平面化。

被摄物体表面的阴影被称做附带阴影，它反映着物体的形状、样貌、结构。投射到其他物体表面的阴影被称做投射阴影，它反映着物体之间的特定关系。在影视摄影中，有些投影会对画面产生不良影响，需要避免或者消除。一般情况下，我们要注意避免一个被摄物体(如演员)的投影投射到另一个被摄物体(如演员)上面，影响其造型效果。另一种需要避免的投影是摄制组工作人员身体的投影，影视摄制组人员众多，各个工种的工作人员都要时刻注意镜头的取景范围，避免给拍摄带来不良干扰。由于现在大部分影视剧的拍摄都采用同期录音的制作方法，因此，在拍摄过程中，录音话筒及吊杆的投影也经常会投射到画面中，这也是需要极力避免和消除的。通常，录音助理要从逆光方向举话筒吊杆进行录音，这样可以较容易避免其投影干扰镜头拍摄。

在实际布光过程中，必须防止各种光线之间的相互干扰，要将不同的光线成分严格控制在一定的范围内，避免其四处扩散，影响其他光线成分的造型效果。四处扩散、超出其应在范围的光线被称做“溢出光”。溢出光会影响其他光线成分的强度、色温、投影状况。

在影视摄影当中，控制灯具光线照射面积的主要工具是“遮扉”，它是安装在灯头上面的四个金属遮光片，可以调整开合的角度，用来控制灯具照明面积的大小。开灯之后，遮扉很快会变烫，在对其进行调整时，要使用专用手套或者使用竹质木质的夹子，不可直接用手，以免烫伤。另一种控制溢出光的工具是黑旗，专用的黑旗是用吸光能力较强的黑布制成，装在框架上，框架可以装在魔术腿上，便于控制遮光的角度。黑旗常被用来遮挡投射到主体、背景上的多余光线，也可以在某些情况下模拟效果光照明(如光线从窗户缝隙照射等)。还有一种控制溢出光的工具是黑铝纸，这种影视照明专用纸具有耐高温、耐折叠的特点，可以被随意拆截、弯曲、裁剪成型，常常被附加在灯头上、镜头上用来遮挡不必要的光线，还可以营造出多种效果光。

二、四种人工光主要成分

人工光线的主要成分包括主光、辅助光、轮廓光、背景光四种，除此之外，在实际布光中，还往往会有装饰光、眼神光、效果光、发光等。

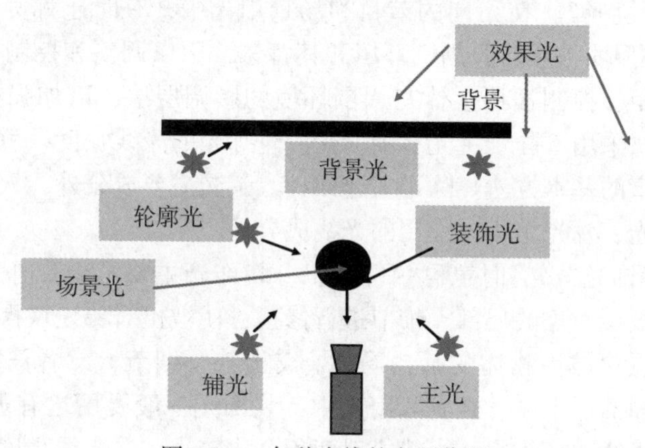

图 7-8-1　各种光线的主要位置

(一)主光

主光又称“塑型光”，是用来描绘被摄物体外貌和形态的主要光线。主光在一组布光中往往最引人注目，它通常具有较明确的光线投射方向。主光的位置、光线性质、强度决定着被摄物体的基本造型结构。在实际布光中，主光位置的确定、角度的选择、亮度的强弱、光距的远近决定于我们要揭示的对象外表和我们要突出的重点，同时还要考虑到场景的环境特点、人物的性格特征、剧情的主题要求、创作的最终意图。理论上来说，主光光源可以被设置在任何位置，如正面、侧面、背后、顶部甚至被摄物体下方。

(二)辅助光

辅助光又称“副光”、“补助光”，是用来帮助主光造型，弥补主光在表现上的不足，平衡亮度的光线。辅助光往往在主光布设完成之后，用来照明主光造成的阴影区域，调整和控制被摄体表面的亮暗反差，保证暗部层次和物体质感的表现。辅助光在运用当中，基本上都是敞射光，这样既可以给阴影部位提供足够的照明，又可以避免出现明确的光线入射方向，避免在一组布光中出现“多光源”的不良印象。

（三）轮廓光

轮廓光又称“隔离光”、“逆光”或“勾边光”。轮廓光是来自被摄体背后上方或侧后上方的一种光线，轮廓光有正逆光、侧逆光、高逆光等多种形式。轮廓光可以起到强化画面空间深度的作用，有利于交代物体的远近层次关系，轮廓光照明可以给处在不同层次上的景物带上明确的轮廓光边，使事物之间的远近关系、层次感得以充分展现。轮廓光可以将主体与背景分离开来，突出被摄物体的轮廓线条，特别是当主体与背景在色彩和影调上比较接近时，轮廓光的这一作用会显得更加明显。

轮廓光照明可以照亮空气中的介质，加强空气透视效果，使空气中的烟尘、雾气、雨雪等等事物显得更加突出，加强现场气氛。

轮廓光照明还能够很好地表现透明、半透明物体的透光特征。与较暗的背景相结合，轮廓光照明不仅可以表现透明、半透明物体的透光性，还可以一定程度上表现其表面的质感。

（四）背景光

背景光又称“环境光”，在不同的节目和场景用光中，有时还称为“天幕光”、“气氛光”等。背景光主要照明被摄对象周围环境和其背景，用以调整和控制被摄事物与周围环境及背景的亮暗差距，控制被摄主体与周围环境的影调层次，以加强被摄场景的整体气氛。在背景光照明时采用不同于主光、辅助光、轮廓光的光线强度、色彩、光质，是使照明效果显得层次丰富的基本方法。除了上述四种人工光主要成分外，人工光照明中还经常会有装饰光、眼神光、发光等不同作用的光线成分。

装饰光又称“修饰光”，有时也称“平衡光”，装饰光主要用于弥补前几种照明光线的不足，有目的地对被摄对象的局部、细节进行修正，使被摄对象表现得更为完美。装饰光常常被用来突出、强化被摄物体的某一局部，突出某一细节，或者被用来消除多余的阴影、投影，使画面简洁、干净。在实际用光中，装饰光一般要用之有理，有明确的目的，一般来说，装饰光光线比较集中，光线投射面积会比较小，在光线亮度、色彩等方面要注意融入整体布光效果之中。

发光是用来照明被摄人物头发的光线，它可以有效地表现出头发的层次、质感，避免人物头发区域黑成一团，缺乏细部层次。

眼神光主要是利用照明光源或者高反光物体在被摄人物的眼睛中形成高光点，这可以使人物显得生动、有精神。要注意避免多个光源或高反光物体在被摄人物眼睛中形成高光点，这会形成多点眼神光，不符合日常生活的实际，也会使得眼神光显得散乱，使人物丧失神采。

三、布光步骤

以四种光线成分为基础的四点布光法是最基本的布光方法，几乎所有的用光组合都是在此基础上的变化和发展。

在布光过程中，我们首先需要根据造型效果、创作目的确定主光的位置，调整主光光源的位置、高度、与被摄体的距离，以获得理想的光线强度、光影效果。还要用遮扉、黑铝纸、黑旗等尽力控制主光照明灯具投射到背景上的光线。

在实践当中，人们总结出了一些常用的主光布光方法，即正常主光照明、面光照明、宽光照明、窄光照明。

正常主光照明光源一般在被摄体左前侧或右前侧45°左右的位置上，光源与被摄体连线和水平面形成的角度也是45°。这种主光设置可以在被摄人物的阴影面产生一个V字形光区，这个光区被称做“好莱坞V”。同时，这种主光设置还会在被摄人物的眼睛中形成效果良好的眼神光。总的来说，在这种主光照明下，被摄体表面明暗搭配比较适中，物体的轮廓姿态、立体形状、影调层次等方面都比较正常，人们的视觉感受也比较正常。

面光照明即光源在被摄对象的前方，或在摄影机左或右15°至30°区域内，光线的任务是照明被摄对象大部分面积，使其表面只有小部分的阴影。这种光线照明基本上属于正面照明。面光照明比较适台拍摄高调画面。面光照明使被摄体表面亮的区域远远大干暗的区域，对于物体的立体感和质感的表现不如其他几种主光照明形式。面光照明会使被摄对象显得平面化，画面缺乏层次和深度；面光照明会使被摄物体的投影投射到背景上，面光照明还会使被摄人物觉得晃眼，感觉不舒服，难以从容地睁开眼睛，造成眯眼现象，如果被摄人物戴着眼镜，镜片上产生的强烈反光会直接反射到镜头里。除非有充分的理由，面光照明这种设置主光的方法不宜多用。

宽光照明即光源在被摄对象侧前方60°左右的位置上，同正常主光照明相比较，宽光照明使被摄体表面亮的面积比较大，暗的面积比较小，同面光照明相比较，宽光照明使被摄体表面亮的面积比较小，暗的面积比较大。在表现物体立体感和质感方面，宽光照明强于面光照明，弱于正常主光照明。

窄光照明光源处于被摄体侧前方15°左右的位置，接近于侧光照明，可在被摄物体表面形成较大的暗的阴影区域，亮的区域面积很小，这种照明形式有利于强化被摄物体的立体感，有利于表现被摄物体的质感。采用窄光照明拍摄人物，注意不要出现“阴阳脸”的照明效果。窄光照明有利于拍摄低调画面，表现深沉、深邃、恐怖、神秘、沉重等主题。

如果在拍摄现场需要使用两盏或多盏灯具作为主光照明光源，那么，要将它们放置在尽可能接近的位置，这样可以避免出现杂乱的投影。

第二步是设置辅助光。在和主光光源与被摄体连线成九十度角的位置设置辅助光，辅助光用来照明主光在被摄体表面造成的阴影区域，反光板和散射光照明灯具是提供辅助光的主要工具，注意控制反光板、散射光照明灯具与被摄体的距离，以求得理想的光比和画面反差效果。

辅助光的强度主要取决于所需光比的大小，光比大则辅助光较弱，光比小则辅助光较强。反光板的距离远近、表面材质决定了其提供的辅助光的强度；辅助光照明灯具的距离远近、功率决定了其提供的辅助光的强度。辅助光在照度上一般要弱于主光，与主光形成一定的光比，光比大小要视表现主题、总体光效不同而定，还要充分考虑所用感光材料对光线的宽容度。

辅助光往往布置在靠近摄影机摄轴线的位置上，以免在被摄体表面造成过多的光线投影。一般情况下，辅助光的多少要视具体拍摄任务、拍摄场景而定，以少为宜。

用来提供辅助光的照明工具主要是白色反光板，其光线性质属于散射光，往往反射拍摄现场主光的光线用做辅助光。在明亮的环境中拍摄，白色或浅色的墙壁、天花板、地板、家具等都能提供一定程度的辅助光，只是需要注意，有颜色的环境景物会使被摄对象表面带上环境色，有些时候需要对其进行修正。

第三步是设置轮廓光。调整轮廓光光源与被摄体的距离，以控制其光线强度，或者在轮廓光光源上加用中灰纸减弱其光线强度，以获得其与主光、辅助光理想的光比和反差效果。还可以在轮廓光光源上加用校色温纸和各种色纸，改变其颜色，以获得不同的光线效果。

直射光灯具常常被用来提供轮廓光照明，为了避免灯架、灯线“穿帮”，可以将灯头挂在背景景物上，也可挂在专用的架子上。在轮廓光灯上加用不同的色纸，可以改变轮廓光的色彩效果，可以模拟出日光、月光、灯光等不同的照明效果，适应不同拍摄主题的需要。

在一组布光组合当中，轮廓光往往是最亮的，其次才是主光、辅助光，但是轮廓光的亮度是有限度的，还要综合考虑与主光、辅助光等的光比与配合。在实际布光中，轮廓光的运用要注意其角度位置的安排，一般不可以过高，过高则物体的轮廓光边会变宽，光边变成了光带，失去了其应有的装饰效果；轮廓光一般不可以过偏，否则，轮廓光可能会造成与物体前面主光或辅助光的夹光效果；当轮廓光校正时，还需要防止光线直接穿射进摄影机镜头，在画面上形成刺光、光雾、光晕、光斑等不良效果。

轮廓光灯具容易投射到摄影机镜头上，在画面中造成光斑。将轮廓光灯具升高，使其光线只是照射到被摄体上，而不照射到摄影机镜头上，就可以消除这种光斑。用遮扉、黑旗、黑铝纸等工具控制轮廓光灯具的照明区域、遮挡溢出光，也是消除这种光斑的常用方法。为摄影机安装良好的遮光罩、遮光光斗，也可以有效地避免这种光斑。

第四步是设置背景光。背景光的处理要以突出主体、渲染环境气氛为主要原则，光线的变化、背景景物均不可显得“喧宾夺主”。

背景光的处理可以比较简单，比如采用散射光的方式，将背景光打散、打匀，使背景景物亮度平均，重在简化背景、突出主体。背景光的处理也可丰富多变，在背景景物上形成丰富的光影变化、明暗变化，甚至还可以在背景上投射出各种颜色、各种图案，这样做不仅可以使得背景、主体之间层次分明，还可以营造多种照明效果(如门窗投影、清晨光效、月夜光效等)，以丰富画面。在实际照明过程中，在黑铝纸上剪出各种简易图案，将其附加在背景光灯灯头上，可以在背景中制造出变化多端的光影效果。

背景光一般情况下要暗于主光和轮廓光，只有这样才能够使主体突出，才能够衬托出轮廓光，但是有些情况下，背景光也会较亮，这时画面往往会成为剪影或半剪影。

在布光过程中，为了精确控制各种光线成分，一般会依次对主光、辅助光、轮廓光、背景光单独布光，然后，再同时开启各种光线，对总体照明效果进行调整和修正。

四、不同被摄对象布光

(一)固定场景布光

所谓固定场景是指被摄对象位置固定、被摄区域固定，固定场景常见于电视访谈节目、演播室谈话节目、演播室文艺节目的拍摄当中。在固定场景中，被摄体的位置基本上不发生变化或者变化较小。光线处理的精细程度，主要取决于场景中被摄物体的多少，被摄对象位置变化的幅度和频度。固定场景的光线处理往往目的性较强，主要布光方法有以下几种。

第一种是全面底子光加逆光照明。这种布光方法是先采用全面的底子光照明，提高整个场景的最低照明亮度，保证场景的各个区域可以获得均匀的照明，在此基础上，在摄影机正对的背景上方加用逆光照明灯，这样可以避免底子光照明带来的影调平淡、缺乏变化。

第二种是平调照明加逆光照明。这种布光方式中，在被摄对象的前面使用柔和的散射光作主光照明，在被摄对象背后加用逆光照明。这种布光方式比较简单，画面中没有过多的光线投影，但是画面往往也显得比较平淡，缺少一定的明暗变化。

第三种是斜侧光立体照明。这种方法使用较多，但是布光有难度，对光线衔接、光比、光线角度要求较高。这种照明方式中，主光来自被摄对象的左侧或者右侧，辅助光设置在接近摄影机的位置，给场景以均匀的辅助照明，轮廓光设置在正逆光或者侧逆光的位置上。这种布光方式要求摄影机的主角度与分切角度不可相差过大，以保证画面之间的顺畅连接。

(二)动态被摄对象布光

对于动态被摄对象的布光，首先需要照明工作者了解以下内容：

第一，被摄对象的活动路线和活动范围；

第二，摄影机使用的镜头及画面景别；

第三，摄影机本身的运动方式、方向和目的；

第四，拍摄段落的主题及所要表现的情感。

在了解以上内容的基础上，对于动态被摄对象的布光常常是根据其主要活动区域确定重点布光区，保证被摄对象在重点区域得到形式和内容双方面的很好表现。在重点布光区域之间保证光线的顺畅衔接和过渡。在重点区域布光的基础上，可以增加移动的照明设备，随着被摄对象、摄影机运动而运动，提供相应的照明。

在影视用光当中，电影的用光往往比较讲究，它可以根据主题的需要，进行分镜头的单独的布光处理，即使是同一场景的拍摄也往往要进行多次布光，以追求最佳的画面效果。此外，电影用光中常常会出现所谓的“假定性光源”，这种光线效果更多地是为了满足人们的视觉感受，往往并不具有生活的真实性。

电视节目用光与电影用光有所不同，由于制作经费、制作周期、节目性质的限制，电视用光往往要照顾一定时间跨度内多机位拍摄的共同需要，它既要照顾每个机位亮度的需要，又要照顾各机位画面影调、色调上的连贯衔接，所以具体到某一个镜头画面而言，常常会留有缺憾。在实际运用当中，电视用光常常是确定一些较重点的布光区域，被摄对象只要处于重点布光区域内，就可以得到较好的表现，而在各光区之间的用光只是起到衔接过渡的作用。

第八章　实践训练

第一节　实践目的及要求

一、实验教学目的

本课程是一门综合性应用型的课程，仅仅掌握理论知识是远远不够的，学生拍摄技术和技巧需要通过大量的实践训练才能完美的结合，只有把理论和技巧在实践中进行使用与总结，才能培养学生的动手操作能力，才能养成精益求精的工作态度和敬业精神。要求学生在掌握了相关的理论知识以后，要付诸实践，通过实践活动，来培养实际动手操作能力，即通过实验教学过程，巩固和检验所学知识并把理论用于实践操作。

二、实验教学要求

针对大部分院校学生多摄像机少的客观情况，把学生分成若干个小组来拍摄作业，以方便管理。学生拍摄的内容按照老师课堂讲授的主要内容来完成。学生的作品以电子文件的形式来上交。通过实验教学要求学生掌握以下几点：

(1)掌握影视摄影的基础知识和基本理论，并能把多种学科的内容、技术和影视摄影艺术相结合。

(2)熟悉影视摄影师的创作过程，能与影视艺术创作的其他环节相配合。

(3)掌握蒙太奇思维的基本思想，并能运用蒙太奇思维来指导影视摄影工作。

(4)熟悉摄像机的操作和基本功能按钮，并能进行熟练操作。

(5)掌握影视摄影的基本技术和技巧，并能灵活运用，不断创新。

(6)培养学生热爱影视摄影工作，精益求精的工作态度和敬业精神。

第二节　素质训练

影视摄影师对人的身体素质要求较高，因此在课外应加强素质训练，具体方式可如下：

一、端水站立及行走

要求：在站立过程中保持手部和肘部的平稳，不要让水泼洒出来，初期保持原地站立，后期进行端水行走训练；

目的：让学生在训练过程中来锻炼肱二头肌，以方便端稳照相机及摄像机，通过锻炼可以保证在拍摄过程中不出现手抖不平稳的现象，提高学生摄影、摄像基本功。

二、曲臂悬垂

要求：在单杠上向上拉伸，头部过单杠水平线；

目的：通过训练，到最后要使男生保持一分半以上，女生保持一分钟以上，可以锻炼胳膊上的各个肌肉组织，以方便日后在拍摄过程中可以承受压力进行拍摄和进行抓拍。

三、负重行走及爬台阶训练

要求：负重15公斤以上行走距离不低于五公里，不低于2000个台阶；

目的：锻炼肺活量，增强体力，可以各种恶劣环境下生存及拍摄，方便在各种条件下，例如高原、高山、盆地、沙漠等地方来进行拍摄任务。

四、平板支撑

要求：成俯卧撑的动作，将背、腰、臀达到同一水平线，持续一分钟以上；

目的：增强体质，训练腹部肌肉和腿部肌肉，可以在日后拍摄过程中达到身体的稳定，不至于发生各种抖动或者其他的因素。

第三节 实践项目

实践拍摄项目一般与前七章的教学穿插进行，由教师根据教学进度和学生掌握情况从以下内容中进行选题。

一、入门练习，以感知为主

1. 自拟场景选择同一场景分别用电视、电影的不同比例构图各拍摄一组不短于10秒的固定镜头。

2. 拍摄一段不少于1分钟的自我介绍，要求包含用帧组成的镜头效果。

二、能力训练，以操作为主

实践一 摄像机操作及使用

1. 熟悉摄像机各按钮和功能的使用；
2. 稳定训练(手持摄像机设为最长焦距，对准墙上的A4纸进行计时框选)；
3. 手持摄像机跟拍训练。

实践二 固定画面的拍摄

1. 以一个人为主体，进行远、全、中、近、特、的拍摄；
2. 拍摄一个人物的正面、侧面、背面镜头；
3. 拍摄一个人物的平拍、仰拍、俯拍镜头；
4. 拍摄人物的入画、出画镜头；

5. 以运动的人物为前景拍摄一个静态的物体；

6. 拍摄一景物的小景深画面；

7. 拍摄两人对话的外反镜头(前景虚焦)；

8. 拍摄两人对话的焦点变换镜头。

实践三　运动镜头

1. 运动镜头的基本类型：推、拉、摇、移、跟。练习不同运动方式的画面拍摄，注意不同运动方式中主观性镜头的表现；

2. 练习变焦距的推拉与改变拍摄距离的推拉画面拍摄，并找出两者的区别；

3. 练习控制运动镜头中的起幅与落幅画面，注意运动镜头中动点、动向、动速；

4. 练习不同范围的摇镜头与移镜头；

5. 练习拍摄跟镜头，注意空间的展现。

实践四　光影效果

1. 顺光，侧光和逆光的拍摄；

2. 室内自然光和散射光的拍摄；

3. 室外自然光的拍摄(直射光、散射光)；

4. 三点布光法拍摄实践。

三、综合训练，以创作为主

1. 选择一个主题进行摄像创作与创意；

2. 将拍摄的镜头进行衔接，编辑并输出。

参考文献

1.《影视摄影技术》. 高雄杰，中国电影出版社，2008 年 4 月。
2.《影视摄影构图学》. 郑国恩，北京广播学院出版社，1998 年 6 月。
3.《影视摄影》. 刘永泗，辽宁美术出版社，1997 年 6 月。
4.《电影摄影造型基础》. 郑国恩，中国电影出版社，1992 年 11 月。
5.《电视摄像的理论与实务》. 王瀚东，华中科技大学出版社，2004 年。
6.《电视摄像实务》. 田建国，中国传媒大学出版社，2013 年 10 月。
7.《光的造型》. 王国伟，辽宁美术出版社，1995 年 7 月。
8.《摄影构图艺术》. 李兴国，北京师范大学出版社，1998 年 6 月。
9.《摄影构图》. 郭艳民，中国传媒大学出版社，2011 年 3 月。
10.《影视摄影艺术学》. 梁明、李力，中国传媒大学出版社，2009 年 12 月。
11.《电视摄像》. 王燕，华中科技大学出版社，2014 年 9 月。
12.《电视摄像艺术新论》(第一版). 周毅著，中国广播电视出版社，2005 年。
13.《电视摄像》. 任金洲、高波，中国广播电视出版社，1997 年 8 月。
14.《实用电视摄像》. 苏启崇，中国广播电视出版社，2000 年 8 月。
15.《电视摄影创作技巧》. 高坚、高红艳，中国广播电视出版社，2003 年 1 月。
16.《摄像基础教程》. 夏正达，上海人民美术出版社，2009 年 6 月。